EUROPAVERLAG

AF138147

THORE D. HANSEN

TAU PUNKT

EIN KLIMAROMAN

EUROPAVERLAG

Kapitel 1

LENTZKE, SÜDLICH VON POTSDAM – 38 GRAD

In der Küche steckte Robert Beyer seinen Kopf unter den Hahn, das kalte Wasser beruhigte, aber nur kurz. Er formte beide Hände zu einer Schale, zögerte, trank einen Schluck und ließ den Rest langsam durch die Finger gleiten. Wenn die Gerüchte stimmten, könnte Wasser bald rationiert werden. Der Konflikt zwischen der Bevölkerung und der Landwirtschaft würde weiter angeheizt werden.

In all den Jahren war Robert der Versuchung aufzugeben nie so nahe gewesen. Die Arbeit auf dem elterlichen Hof in Nordfriesland, dazu die Arbeit auf dem zweiten Hof mit der kleinen Fischzucht in Brandenburg, das alles brachte ihn an seine Grenzen. Wie viel Wasser war noch in den Brunnen? Wie lange reichten die Vorräte für das Vieh? Wann musste er mit der Notschlachtung beginnen? Wie viel würde der Staat für den Ernteausfall in diesem Jahr noch übernehmen?

Nach einem sehr langen Tag hatte Robert erst am späten Abend seinen Hof in Lentzke, nicht weit von Fehrbellin, erreicht. Ein kleines Dorf, ohne Zentrum, nur von einer Durchgangsstraße durchzogen. Trotz seiner großen Erschöpfung fand er erst spät in den Schlaf. Die Nächte wurden zunehmend tropisch, immer heißer und schwüler. Darauf war sein Körper, der gewohnt war, im kühlen Norden zu bestehen, nicht eingerichtet. Die Nächte, die einst Erholung brachten, wurden zur Mühsal.

Um 6 Uhr morgens heulten die Sirenen. Feuer fraß sich durch das Getreidefeld seines Nachbarn. In letzter Minute konnte die Feuerwehr verhindern, dass die Flammen auf seinen alten Vierkanthof überschlugen. Nicht alle hatten so viel Glück. Die Dürre und die Brände hatten die Landwirte im Osten Deutschlands schon viel härter erwischt. Sehr bald aber würde es auch das einstmals so feuchte Norddeutschland treffen. Alle paar Jahrhunderte seit Bestehen der Zivilisation, ob im hohen Norden oder bis ins Nildelta, war das schon immer eine tragische Realität gewesen, wusste Robert. Hunger und Mangel hatten schon ganze Reiche und Dynastien hinweggefegt.

Kurz vor zwölf kam eine Nachricht des Bürgermeisters. Die Landwirtschaftsministerin war für 14 Uhr angekündigt. Robert trocknete sein Gesicht mit einem nicht mehr ganz frischen Geschirrtuch und ging durch den Flur. Der alte Holzboden knarrte unter seinen schweren Arbeitsschuhen. Als er die Tür öffnete, wurde ihm klar, dass er nicht in den Spiegel geschaut hatte. Die Hitze, der Schweiß, das Unterhemd, die Frisur. Auch die Linde, an die er sich lehnte, um Halt zu finden, hatte ihre besten Tage hinter sich.

Von den etwa dreihundert Bewohnern des Dorfes trauten sich bei dieser glühenden Hitze nur ein paar Dutzend hinaus auf die Durchgangsstraße. Seiner Nachbarin, deren Feld nun verbrannt war, schwappte der Bauchspeck aus dem dünnen und viel zu engen Hemd. Die Haare fettig, die unreine Haut von der Hitze aufgedunsen, trat sie von einem Fuß auf den anderen. Der Trunkenbold von gegenüber hatte vergessen, seinen Hosenstall zu schließen, und konnte gerade noch die Bierdose halten. Die anderen Umstehenden, bekleidet mit Jogginghosen und verschlissenen T-Shirts, kannte Robert nicht so gut. Nur der Grundschullehrer von nebenan trug wie immer weiße Turnschuhe, gut sitzende Jeans und ein sauberes helles Hemd. Die Arme verschränkt, lehnte er an der gegenüberliegenden Straßenseite an seinem alten, gepflegten Mercedes.

Aus dem Augenwinkel sah Robert seine Tochter Janne ins Haus stürmen, laut knallte eine Tür, während eine vertraute Stimme hinter ihm kommentierte:

»Man kann sich seine Kinder nicht aussuchen, nicht wahr?«

Robert drehte sich um und erblickte Svenja, die einige Kilometer weiter eine kleine Wäscherei betrieb. Sie zwinkerte ihm mit ihren dunklen Augen zu.

»Na ja, sie hat es halt auch nicht immer leicht.« Besseres fiel Robert grad nicht ein.

»Ach komm, du hast dich genug um sie gekümmert.«

Selbst wenn es stimmte. Was konnte man darauf antworten? Svenja blitzte ihn wieder mit diesem schelmischen Lächeln an, das ihm gleichzeitig gefiel und ihn einschüchterte.

»Du solltest dir mal mehr Zeit für dich nehmen. Vorträge über den Klimawandel brauchen wir doch beide nicht mehr, oder?«

Robert spürte Svenjas Hand sanft auf seiner Schulter ruhen, bevor sie weiterlief.

»Ja, ja, vielleicht hast du recht.«

Er schaute ihr nach, bis ihn das Dröhnen einer nahenden Wagenkolonne von dem Gedanken ablenkte, dass Svenja seiner verstorbenen Frau immer ähnlicher wurde.

Was mochte wohl die Ministerin dazu veranlasst haben, dieses kleine Dorf für ihren staatstragenden Auftritt zu wählen? Hier war kein Tumult zu erwarten, dachte Robert. Hier gab es keine bekennenden Nazis, keine Verschwörer, nicht mal Klimaaktivisten. Seine fünfundzwanzigjährige Tochter Janne war da eine große Ausnahme. Robert verstand nicht so recht, was gerade sie veranlasst hatte, sich schon früh so glühend für all diese in seinen Augen kruden Theorien von der Erderwärmung zu engagieren. Ansonsten aber lebten hier nur einfache und vom kargen Leben erschöpfte Menschen.

Die ministeriale Limousine mit Polizeieskorte fuhr vor. Sicherheitsleute schützten die Ministerin mit einem Regenschirm gegen die Sonne. Im hellen Kostüm und auf cremefarbenen hochhackigen Schuhen balancierend musterte sie die kleine, schwitzende Menschenmenge.

Robert wurde es schwarz vor Augen, sein Kopf dröhnte, und sein Herz stolperte. Diese Aussetzer, während derer er vergaß zu atmen, quälten ihn in letzter Zeit häufiger. Ob es der Alkohol war? Oder Panik? Oder beides? Die Angst, das Bewusstsein zu verlieren, wurde zunehmend größer. Nur eine Flasche Wein oder mehr ließ die Symptome verschwinden – wenigstens bis zum nächsten Morgengrauen. Zeit für einen Arzttermin nahm Robert sich nicht. Die Sicherung der wackeligen Existenz hatte Vorrang. Den beruhigenden Rausch ertrug er allerdings nur noch spätnachts, wenn sich die Luft endlich auf 25 oder 28 Grad abgekühlt hatte.

Der Anblick der Journalisten, die sich im Halbkreis vor der staatsfraulich dreinblickenden Politikerin postierten, erinnerte Robert an die Fernsehbilder von vergangener Woche mit seinem Bruder Tom als Sprecher des Weltklimarates. Ein Moment der Verwirrung, dann spürte er diese alte, sehr alte Wut in sich hochkriechen.

Notgedrungen hatte Robert seinen Bruder auf dem Bildschirm verfolgt, denn Janne hatte darauf bestanden, ihren Onkel Tom in den Nachrichten zu sehen. Obwohl sie ihn nur einmal als Kind persönlich getroffen hatte. Wieder mal eine dieser oberschlauen Reden über den Klimawandel. Als wäre Roberts Tag nicht schon zermürbend genug gewesen. Nein, er hasste seinen Bruder nicht. Der war längst in New York zu einem wichtigen Mann im Weltklimarat aufgestiegen. Aber wenigstens zur Beerdigung der Mutter hätte Tom doch kommen können. Seine Karriere hatte immer Vorrang. Gut, die Mutter hatte beiden Söhnen immer gepredigt, der Beruf ginge vor. Aber gleichzeitig träumte sie davon, endlich in Rente zu sein und mehr Zeit für die Söhne zu haben. Das hatte sie, schwer krebskrank und bereits spürbar entkräftet, dem fernen Bruder zu Weihnachten am Telefon gesagt, während Robert im

Nebenzimmer den Weihnachtsbaum für seine Mutter dekorierte. Zum letzten Mal. Ein paar Tage später war sie dank gnadenvoll hoher Dosen Morphiums eingeschlafen.

Dem Vater hatte das das Herz gebrochen. Nach zweiundvierzig Jahren Ehe stand er plötzlich alleine da. Nur ein Jahr später starb auch er, mit 67 Jahren, praktisch für das marode Rentensystem. Auch diesmal war Tom auf einer wichtigen Klimakonferenz. Zu wichtig für das Begräbnis seines Vaters. Schon wieder war Robert mit Janne allein vor dem Grab gestanden.

Danach gab es keine Anrufe mehr vom kleinen Bruder. Wäre Robert der Zweitgeborene gewesen, dann hätte Tom den Hof übernehmen müssen. Das letzte Mal gesehen hatten sie sich vor fünfzehn Jahren. Toms Kurzbesuch endete mit einem kurzen, aber erbitterten Kampf im Garten. Den Anlass dafür hatte Robert vergessen. Ein Wunder, dass bei der Klopperei keiner ernsthaft verletzt wurde. Vielleicht auch kein Wunder. Tom war der kleine Bruder. Und er war zu einem Sesselfurzer geworden. Körperliche Arbeit kannte der schon lange nicht mehr. Hasste Robert seinen Bruder? Nein, das nicht, aber sie waren sich zutiefst fremd geworden.

Wie lästig das Hirn sein kann, wenn es einem immer wieder Streiche spielt. Irgendwo hatte er gelesen, dass das Gehirn Erinnerungen fälschen kann und quasi seine eigenen Fake News produziert. Geschehnisse können sowohl komplett neu erfunden oder auch einfach aus dem Bewusstsein gestrichen werden. Aber das funktionierte offensichtlich nicht mit Mitgliedern der eigenen Familie, seien sie einem noch so gleichgültig, fremd oder widerwärtig. Nein, das geht nicht, dachte Robert, obwohl er schon seit Jahren den Fernseher abschaltete, wenn Toms Gesicht auf dem Bildschirm erschien. Ebenso mied er alle Zeitungen, wenn sie Toms Konterfei mit der nächsten großen Warnung vor dem Klimakollaps ankündigten. Janne hingegen hatte ihren berühmten Onkel schon immer vergöttert. Während Robert immer härter arbeiten musste, um ihr

Leben finanzieren zu können, und die Lebensmittelkonzerne die Preise drückten, lebte sein Bruder im Luxus.

Robert wusste, dass Janne mit ihrer Cousine in New York, Toms Tochter Mareike, via Facebook Kontakt hielt. Die beiden jungen Frauen tauschten sich wohl über Mädchenkram, aber auch über die nächsten Demonstrationen gegen die Klimapolitik ihrer Regierungen aus. Robert sah das nicht gerne, obwohl ihn das eigentlich nichts anging. Aber er konnte Janne sowieso nichts mehr vorschreiben. Seine Tochter war erwachsen. Entwachsen war sie ihm schon länger.

Nun stand Robert vor dieser Ministerin, die sich ausgerechnet dieses Kaff ausgesucht hatte, um ihr Bedauern über die immer schwierigeren Zustände auszudrücken und um Hilfsmaßnahmen anzukündigen. Das typische Gefasel, das die Landeier beruhigen sollte, während sich die Bessergestellten in den klimatisierten Betonbauten der Metropolen verschanzten. Diese Stromfresser! Die beteten am Abend vor dem Fernseher oder im Internet die Ikonen des Wohlstands an, während Ärsche wie er, Robert, ganz real mit den immer schwierigeren Bedingungen auf ihren Feldern kämpften. Er war es, der dafür sorgte, dass die alle verdammt noch mal ihr Essen auf den Tisch bekamen.

Schweiß brannte ihm in den Augen. Das salbungsvolle Gerede der Ministerin ekelte ihn an. Er wollte weg.

»Warte!«, sagte Janne. »Sprich mit ihr, du kannst das besser als alle anderen!«

»So beschissen, wie ich aussehe? Und was soll ich der sagen?«

»Wir sehen alle so aus. Willst du die hier einfach nur quatschen lassen? Ein paar Ankündigungen abfeiern und das war's dann wieder? Ja? Eine geschenkte Sau für die Tagesschau? Und dann kann ich mir wieder dein Gejammer über zu wenig Hilfsgelder anhören?«

Janne sah eigentlich aus wie damals als Kind, wenn sie nach einem langen Sommertag gerade noch rechtzeitig vom Spielen zum Abendessen nach Hause kam. Mit leuchtenden Augen und total verdreckt. Definitiv reif für die Badewanne. Er war sicherlich nicht streng genug. Gesicht- und Händewaschen mussten reichen, damit das Abendessen nicht kalt wurde. Das waren bessere Zeiten. Aber auch heute war sie wunderbar. Trotzdem brummte er:

»Ich bin hier fertig!«

Kapitel 2

Am runden Sitzungstisch des Sicherheitsrats der Vereinten Nationen beobachtete Tom die Gesichter der Diplomaten und Wissenschaftler. Leere Blicke, ratlose Mienen, aus einigen blitzte der Zorn. Die Vertreter der wichtigsten Industrienationen würden morgen nach dem Abschlussbankett wieder nach Hause reisen. Sie würden aus klimatisierten Hotelzimmern in klimatisierte Limousinen steigen, um dann in klimatisierten Flugzeugen zu sitzen. Sie würden ihren Regierungen die Lösungen der Wissenschaftler präsentieren und vor einer Mauer stehen. Auf dieser Mauer stünde wieder einmal: »Wer soll das bezahlen?« Tom sah zu Lil Marrow, seiner langjährigen wissenschaftlichen Mitarbeiterin. Ihre Hände zitterten.

Die Zahl der Menschen, die in diesem Jahr bereits weltweit direkt oder indirekt wegen der Hitzewellen ihr Leben verloren hatten, würde bald das Niveau des Jahrhundertsommers 2003 mit 70 000 Toten allein in Europa in den Schatten stellen.

»Ich kapituliere«, sagte Tom und schloss seine rote Mappe mit dem Emblem des internationalen Klimarates.

»Warten Sie!«, schallte es plötzlich durch den Saal. »Wenn wir hier ohne Verabschiedung einer Abschlusserklärung rausgehen, werden einige von Ihnen in erhebliche Erklärungsnot geraten«, polterte der Luxemburger Außenminister. »Sie alle wissen, dass sich die Prognosen tagtäglich gegen unseren Zeitplan wenden. Wir müssen diese Maßnahmen umsetzen. Sonst verspielen wir die Zukunft unserer Kinder endgültig! Glasgow darf sich nicht wiederholen!«

Der Exodus der Diplomaten beschleunigte sich, und selbst einige Mitglieder des Klimarates verließen nun zügig den Saal. Lil starrte regungslos auf die Abschlusserklärung. Tom sah in das Gesicht des Außenministers. Der pfefferte wütend einen Ordner vom Tisch, verschränkte die Arme und starrte frustriert an die Decke.

»Jetzt bringt das nichts mehr«, sagte Tom leise. »Komm, nutzen wir die Zeit. Vielleicht haben wir doch noch eine Chance. Wir müssen bilaterale Verhandlungen führen.«

Sie alle waren seit 16 Stunden auf den Beinen. Lil blickte in Richtung des deutschen Verhandlungsbeauftragten, der hastig seine Sachen packte und ging. »Schwierig, wenn deine eigene Regierung komplett versagt.«

»Ja, ich weiß. Wie lange machen wir das jetzt schon?« Tom seufzte.

»Wieso fragst du mich das ausgerechnet jetzt?«

»Ich habe versagt, Lil. Es sind zehn verlorene Jahre. Wird Zeit, dass du das Ruder übernimmst.«

»Tom, sieh dich um. Wir haben kein Ruder!«

»Wir dürfen nicht lockerlassen. Wir müssen Geld auftreiben. Ich werde versuchen, persönlich Einfluss auf die deutsche Regierung zu nehmen.«

»Und das soll dir ausgerechnet in Deutschland gelingen?«, fragte Lil mit hochgezogenen Schultern.

»Zwei trockene Winter schaden mehr als zwei trockene Sommer. Wenn der kommende Winter in Deutschland wieder so trocken wird … na ja, dann werden wir ja sehen. Die Sache fliegt uns jetzt um die Ohren. Seit vierzig Jahren wussten wir das, Lil, vierzig Jahre!«

Im großen Sitzungssaal entstand eine ratlose Stille. Selbst der eben noch tobende Außenminister Luxemburgs hielt, so schien es, den Atem an.

Lil schloss die Augen: »Aber nicht heute Abend. Nicht mit mir. Macht, was ihr wollt. Ich bin verabredet.«

»Kannst du das nicht verschieben?«

»Ich verschiebe mein Leben seit Monaten!« Ihre Stimme klang so erschöpft wie entschlossen: »Hast du mit Lisa gesprochen?«

Es war das erste Mal nach ihrer Affäre, dass Lil Tom auf seine Frau ansprach. Es war auch das erste Mal, dass sie den Sinn seiner – ihrer gemeinsamen – Arbeit infrage stellte. Nein, nicht den Sinn, aber die Konsequenzen für das eigene Leben. Genauso, wie es auch Lisa seit Jahren tat. Ja, im Grunde war ihm zum Heulen. Die Arbeit hatte nicht nur die Beziehung zu seiner Frau Lisa zermürbt, sondern auch die mit Lil. Lils Träne im Augenwinkel war für Tom wie die Zusammenfassung dieses Tages, wie etwas, das man weiß und doch nicht aussprechen mag. Für die ursprünglich geplanten Maßnahmen und das Pariser Klimaabkommen war es längst zu spät, und die Angst kroch in ihm hoch, dass dieser Tag, wenn er New York, wie schon länger geplant, den Rücken kehren würde, nun auch die heimliche Beziehung mit Lil beenden könnte.

Tom nickte. Schweigend verließen sie den Saal. Auf dem Flur sah er auf einem Flatscreen die aktuellen Nachrichten von CNN, darunter auf dem Newsticker die Nachrichten über die Waldbrände in Kalifornien. Die vielen gescheiterten Klimakonferenzen, die in seine Zeit fielen, waren zermürbend und letztlich auch das Resultat mangelnder Aufklärung der Bevölkerung. Tom blieb gedankenverloren vor einem Monitor stehen. Er sah den Nachrichtensprecher, ohne ihn wirklich wahrzunehmen. Genau genommen war bis dato noch zu keinem Zeitpunkt wirklich erklärt worden, warum unsere gesamte Lebensweise zur Disposition stand. Vollumfänglich erklärt, wie es so schön in der Sprache der Diplomaten, Juristen und Wissenschaftler heißt. Kinder waren nötig gewesen, um die Großen in der Politik zu schütteln, wachzurütteln, sie zur Pflicht zu rufen. Es bedurfte einer Minderjährigen aus dem fernen Skandinavien, einer Schülerin, um allen zu sagen, was gehört werden musste. Hochnotpeinlich für alle hochbezahlten, professionellen Politiker und Diplomaten.

Die Wut kochte in Tom. Der Politik gelang es nicht, den Menschen den Verstand, das Verständnis, das Gefühl und die Sicherheit zu geben, dass die große Transformation nicht nur überlebenswichtig, also nötig, sondern auch möglich und womöglich sehr positiv werden konnte. Dass der Verzicht auf schlechte Gewohnheiten auch einen größtmöglichen Gewinn für die Zukunft aller bedeuten konnte. Wie soll man eine Bevölkerung aufklären, wenn die wichtigsten Akteure der Weltpolitik sich dem Wandel verweigerten? Diese Berufsaussitzer, die Veränderungen ebenso fürchteten wie den Verlust von Wahlen, Ämtern, Reichtum, Arbeitsplätzen und Macht? Durch die neue Epoche der Neo-Populisten gingen weitere wichtige Jahre verloren. Der Klimawandel wartete nicht. Er hatte seine eigene Agenda und schritt in großen Schritten voran. Derweil standen, jahrein, jahraus, weltweit gigantische Flächen in Flammen. Jetzt konnten auch Politiker die wissenschaftliche Tatsache des menschengemachten Klimawandels nicht mehr leugnen, ohne das Gesicht zu verlieren. Selbst der erzkonservative Verleger Rupert Murdoch hatte seinen Zeitungen und Sendern in Australien einen neuen Kurs verordnet. Doch wo früher die Glaubwürdigkeit der Klimawissenschaft selbst untergraben wurde, wurden nun Armeen von Lobbyisten mit Geld ausgerüstet, um das unheilige Versprechen abzugeben, dass die Menschen bei der Transformation der Wirtschaft auf nichts verzichten müssten. Der gefährlichste Teil stand ihm und allen Wissenschaftlern erst noch bevor. Die Leugnungslobby verlor zwar ständig an Kraft, aber zu langsam. Und in Tom wuchs der Entschluss zu handeln. Und sie hatten Lösungen!

»Was grübelst du?«, fragte Lil.

»Ich mach mir Sorgen, dass wir wieder keinen Schritt weiterkommen.«

»Was war eigentlich mit Huber los? Warum hat er dir die Unterstützung wieder entzogen?«, fragte Lil.

»Er fürchtet vermutlich den Verlust seiner Reputation.«

»Okay. Ich rede mit ihm. Er mag mich.«

Lil folgte Tom den langen Flur zum Lift entlang. Der luxemburgische Außenminister überholte sie im Stechschritt, und er hatte nicht nur seine Aktentasche unter dem Arm, sondern auch die Akte, die er eben noch auf den Boden gepfeffert hatte. Der Lift brauchte ewig. Als sich endlich die Tür öffnete, platzte es aus Lil heraus: »Wie hältst du das noch aus, mal ganz ehrlich?«

»Gar nicht, aber ich habe eine Tochter. Wir haben die Lösungen auf dem Tisch, und dann ist dieses Pack von Diplomaten immer und immer wieder zu feige, sich durchzusetzen. Verdammte Scheiße. Ja ich habe genug, nur die Wut treibt mich noch an.«

»Das spüre ich die ganze Zeit, und das fühlt sich nicht gut an!«

Der Fahrstuhl öffnete sich, und plötzlich hörte Tom seine Schritte wie durch Watte. In seinen Ohren begann es zu klingeln, und einen Moment lang nahm er Lil an seiner Seite wie in Trance wahr. Andere Menschen schwebten wie in Zeitlupe an ihm vorbei. Dann hatte er eine Installation der Künstlerin Teresa Borasino vor Augen, die Auszüge aus dem Weltklimabericht auf Toilettenpapier gedruckt hatte. »Give a shit« nannte sie ihre Aktion, damals auf dem Weltklimagipfel in Paris. Das Wattegefühl und das Klingeln im Ohr ebbten wieder ab. Tom blieb stehen, holte sein Smartphone raus und öffnete die E-Mail mit dem Arbeitsvertrag für das Präsidium des Potsdamer Instituts für Klimafolgenforschung. Von New York nach Potsdam? Tochter Mareike wollte unbedingt in Berlin studieren, und seine Frau Lisa pochte seit Monaten auf mehr gemeinsame Zeit. Und Lil? Warum konnte er nicht einfach alles eingestehen? Wie sehr er sie liebte. Tom kannte keine andere Frau in seinem Leben, die so attraktiv war und so engagiert lebte, beruflich wie privat. Die solch eine geradlinige Art hatte, die Dinge beim Namen zu nennen. Sie vereinte Leidenschaft und Sinnlichkeit mit einer geistigen Klarheit, Unabhängigkeit und Zielstrebigkeit, wie er es noch bei niemandem zuvor erlebt hatte. Nun aber verhielt Lil sich auffällig distanziert. Das tat ihm weh und machte Angst. Er war an einem Punkt, wo er sich fragte, ob er dem Weltklimarat – und damit am Ende auch Lil – den Rücken kehren sollte? Distanz schaffen, um ihre Distanz zu ertragen? Hatte er noch eine Chance, im Weltklimarat den ganz großen Wurf zu wagen? Oder würden seine Gegner seine Karriere beenden? Die Philosophie der Institution war es, den immer wieder aktualisierten Stand der Klimaforschung so aufzubereiten, dass Entscheidungen von Regierungen, Unternehmen und privaten Haushalten auf Basis aktuellster wissenschaftlicher Erkenntnisse getroffen werden konnten. Dies war auch Toms Philosophie. Sein Vorgehen war in der Sache richtig. Aber politisch war es wirkungslos.

Schon seit Wochen quälte sich Tom mit den gleichen Fragen. Wäre es ein Rückschritt, zurück nach Deutschland zu gehen? Oder könnte er gerade dort die enormen Mittel auftreiben, die man bräuchte, um mehr zu erreichen?

In Potsdam könnte er seine Forschung und die Akquise der Mittel neu ausrichten und müsste keine diplomatischen Rücksichten mehr nehmen. Auch die anstrengenden Reisen zwischen dem Hauptsitz des Weltklimarates in Genf und New York hätten ein Ende. Plötzlich zog es heftig an seinem Sakko.

»Tom! Vorsicht!«

Um ein Haar wäre er über irgendwas gestolpert, direkt vor der Marmortreppe. Auch die hatte er nicht wirklich wahrgenommen. Die schöne, lange Marmortreppe. Das wär's gewesen. Für einen Moment gefiel ihm die Vorstellung, jetzt einfach zu sterben. Aber wer würde dann die Welt retten, lachte er innerlich. Genau dies versuchte er nun schon seit Jahrzehnten. Welch ein Irrsinn.

»Ja, alles gut. Danke! Ich war in Gedanken.«

»Nein, es geht dir nicht gut. Du brauchst dringend eine Pause, Herr Professor!«

»Ich erinnere mich an einen chemischen Effekt, bei dem es reicht, ein einziges Atom Natron zu einer gesättigten Lösung zu geben, und in Bruchteilen einer Sekunde geht alles vom flüssigen in den festen Zustand über … So könnte ich es am besten beschreiben, diesen plötzlichen Wandel, auf den wir hoffen. Es ist wichtig, dass du hier die Stellung hältst. Oder du wechselst ebenfalls die Stelle und kommst …«

Lil legte ihre Hand auf Toms Mund und schaute ihm tief in die Augen. »Du hörst mir wirklich nicht zu. Du solltest deine Ehe retten.«

»Das ist nicht so leicht, wie du vielleicht denkst. Ich muss das Phönix-Programm weiterentwickeln. Wir müssen aufhören, uns was vorzumachen. Es ist zu spät! Das Pariser Abkommen ist gescheitert.«

Lil umarmte ihn. Er hörte einen leisen Seufzer, roch ihr Parfüm. »Tom, du wirst mir fehlen«, flüsterte sie. »Du wirst hier fehlen.«

»Ich werde die nötigen Mittel bekommen.«

»Woher?«

»Von meinen Feinden!«

Kapitel 3

Lil wollte gerade das Gebäude der Vereinten Nationen verlassen, als sie Ron Huber sah. Der betrat soeben das Büro, das den Mitgliedern des Weltklimarates während der Konferenzen und Tagungen in New York zur Verfügung stand, und schloss die Tür hinter sich. Einen Moment zögerte sie, sah sich um, ging auf die Tür zu und klopfte dreimal. Noch bevor sie wusste, wie sie das Gespräch einleiten wollte, öffnete Huber die Tür.

»Lil, was führt dich her? Ich habe nur wenig Zeit, aber komm rein.« Er lockerte seine Krawatte und lehnte sich mit verschränkten Armen an einen mächtigen Schreibtisch.

»Danke, Ron. Ich fasse mich kurz: Was hast du für ein Problem mit Tom?«

Sofort verfinsterte sich Hubers Gesicht, und Lil schwante, dass sie vermintes Gelände betreten hatte.

»Toms apokalyptische Szenarien sind kontraproduktiv. Purer Defätismus. Als wäre schon alles außer Kontrolle geraten und unlösbar. Wir als Forscher sind verpflichtet, nicht die Apokalypse auszumalen, sondern verlässliche Prognosen zu entwickeln. Vor einer Woche beschwert Tom sich noch über die Hysterie in den Medien, und jetzt fährt er uns mit seinem 5-Grad-Szenario in die Parade, und das bei einer entscheidenden Sitzung! Das ist mein Problem mit ihm.«

Lil wusste für einen Moment nicht, wie sie reagieren sollte. Im Grunde konnte sie Huber sogar verstehen. Sie hatte Tom gewarnt. Inzwischen gingen immer mehr Kollegen davon aus, dass die Regierungen schon mehr als genug unter Druck geraten waren. Das IPCC, kurz für das Intergouvernemental Panel on Climate Change, hatte die Folgen des Klimawandels auf Basis aktueller Daten neu moduliert. Die aktuellste Prognose ging von einer Erwärmung unseres Planeten um drei Grad aus. Drastischere Szenarien könnten Panik und Resignation oder Zweifel an den Ergebnissen auslösen, was wiederum zu noch mehr Populismus und zu einer politischen Schockstarre führen würde.

Lil blickte aus dem Fenster, es goss in Strömen, die Skyline Manhattans war kaum noch zu sehen.

»Es war nie die Rede davon, dass Tom das öffentlich machen sollte. Tatsache ist aber, dass dieses Szenario möglich ist, sollten die Kipppunkte schneller eintreten, als es die Modelle hergeben. Wie besprochen hält er auch das Phönix-Programm unter Verschluss. Du hast also keinen Grund, ihn fallen zu lassen.«

Lil fand Hubers Mimik oft schwer zu lesen. Aber nun sah sie in seinen Augen eine finstere Entschlossenheit.

Huber setzte sich und straffte sein Sakko. »Lil, was willst du von mir?«

»Ich setze mich für Tom und das Phönix-Programm ein.«

»Ach ja? Oder nur für ihn?«

Wut und Trauer verknoteten Lils Magen. Sie schluckte. Ein Foto an der Wand zeigte Huber mit seinem Team vor mindestens zehn Jahren, darunter auch Tom, als seine Haare noch schwarz waren, sein Kinn kantig und straff, seine Augen noch nicht von zu vielen schlaflosen Nächten dunkel umringt. Die letzten Jahre hatten große Opfer gekostet.

»Dein Schweigen ist vielsagend. Wie auch immer, Tom manövriert sich ins Abseits, und du musst dich entscheiden, wohin du gehörst.«

»Ins Abseits? Du manövrierst ihn dort hin! Überlege dir gut, was er außerhalb des Klimarates bewegen kann.«

»Er geht?«

»Was glaubst du denn?«

Huber stand auf. »Das Phönix-Programm wird vielleicht eines Tages unausweichlich werden, aber bis dahin sollte Tom Ruhe geben. Jeder Wissenschaftler, auch du. Sobald ihr euch damit in die Öffentlichkeit wagt, seid ihr dem Mob im Netz und den Medien ausgeliefert. Und all den politischen Kräften, die gegen uns sind. Ich habe auch die Verantwortung, uns genau davor zu schützen. Gut, Lil, ich muss los. Ich fliege gleich zurück nach Genf.«

»Aber …«

»Nein, Lil. Ich muss dafür sorgen, dass Tom keinen weiteren Schaden anrichtet, und wenn er freiwillig geht, ist es für alle am besten. Ich rede mit ihm.«

»Wir können aber nicht warten, bis es zu spät ist!«

Ron Hubers Augen weiteten sich. »Doch! Nur dafür ist das Programm gedacht. Das Risiko können wir erst eingehen, wenn es quasi zu spät ist. Das weißt du genau.«

Lil nahm ihre schwarze Lederhandtasche, stand auf, ging zur Tür, zögerte und drehte sich um. »Tom wird vermutlich schweigen, aber du kannst dich nicht darauf verlassen, dass ich das tue, wenn du ihm unnötig schadest. Ihr wisst alle, dass er recht hat. Und niemand kann uns daran hindern, Geldgeber zu finden.«

»Dann werden die auch dich zu stoppen wissen.«

»Was?«

»Guten Abend, Lil.«

»Wer sind *die*?«

»Auch das weißt du ganz genau. Bitte geh jetzt!«

Kapitel 4

AUF DEM WEG NACH NORDFRIESLAND – 36 GRAD

Janne schaute auf die vorbeiziehenden Wälder, Raststationen und Eisenbahngleise und sehnte sich für einen Moment nach etwas, das es nie mehr geben würde. Als ihre Mutter noch lebte, hörten sie Musik während der Fahrt vom Hof in Nordfriesland nach Lentzke, lachten gemeinsam oder lästerten über die Touristen, obwohl die das Einkommen sicherten. Ihr Vater schmiedete Pläne, wie sie den günstig erworbenen Hof in Ostdeutschland als neue, zusätzliche Einkommensquelle nutzen könnten. Oder sie stritten sich über Politik. Der Ausbau des Vierkanthofes an Frieslands Küste, mit fünf Gästezimmern und einem Hofladen, brachte wichtige Einnahmen zusätzlich zur Landwirtschaft. Mit der Landwirtschaft wurde es von Jahr zu Jahr schwieriger, aber noch reichte es, um ein bisschen zu träumen. Meistens war das Geld jedoch knapp. Meistens saßen die Bank, die Lieferanten oder das Finanzamt ihrem Vater im Nacken. Besonders im Winter und noch viel mehr nach einer verregneten Saison, wenn die Gäste ausblieben. Siglinde, oder Siggi, wie jeder im Dorf ihre Mutter nannte, war Herz und Seele des Hofes. Dichte, blonde, lange Haare, weiche Gesichtszüge, blaue Augen, für eine Landwirtin auffällig gut gekleidet – und dann dieses gewinnende Lächeln. Wenn im Sommer die Gäste kamen, war sie es, die die Leute begrüßte. Immer freundlich und auch mit schwierigen Gästen geduldig, sorgte sie dafür, dass jeder sich wohlfühlte, gab Auskunft und pries die Attraktionen: Watt- und Dünenwanderungen, Kutterfahrten, die schönsten Plätze am Strand. Jannes Vater kurvte indessen meistens mies gelaunt mit dem Traktor über den Hof. Abends, nach dem Besuch am Stammtisch, war seine Stimmung etwas besser. Wie in fast jeder Familie, die mit Gastronomie zu tun hatte, war Alkohol fester Bestandteil des Alltags und half dabei, die Sorgen wegzuschieben. Bäuerliche Landwirtschaft gepaart mit Gastronomie war schon damals unberechenbar. Jannes Freundinnen berichteten aus ihren Elternhäusern kaum andere Zustände, aber sie machte sich trotzdem Sorgen. Insgeheim hatte sie immer den Wunsch, ihre Eltern aus diesem Wahnsinn zu retten. Doch spätestens mit ihrem Weggang nach Berlin und dem Beginn des Studiums verblassten die Kinderträume. Das Dorf, die alten Freunde und die schöne Natur schienen weit weg. Im Laufe der Jahre hatten sich Jannes Eltern so sehr in ihr Unglück verstrickt, dass auch ihrer Mutter das Strahlen abhandengekommen war. Beiden war kaufmännisches Geschick nicht in die Wiege gelegt. Während Anfang des neuen Jahrtausends aus allen Ecken des Landes die Immobilienhaie kamen und die Nordseeküste von einem Modernisierungsboom profitierte, verpassten sie den Anschluss. In dieser Zeit begann Janne, sich für den Naturschutz, den schleichenden Wandel im Wattenmeer und das Verhalten der Zugvögel zu interessieren. Für die meisten im Ort war das Gerede vom »Klimawandel« zu abstrakt. Das war etwas für Wissenschaftler. Jannes Vater wurde immer still, wenn dieses Thema in den Nachrichten kam. Nur wenn er seinen Bruder im Fernsehen sah, murmelte er höhnische Kommentare wie »Arschloch« oder »Klugscheißer«. Siggi stellte ihm dann noch eine Flasche Bier hin und wünschte sich: »Vielleicht regelt ihr das bald mal wie Männer.«

Wie ihre Mutter mit den jüngsten Entwicklungen, der Hitze, den Ernteausfällen, die seit ihrem Tod immer unübersehbarer wurden, umgegangen wäre, war eine Frage, die Janne immer wieder beschäftigte. Sie vermisste sie. Auch nach so vielen Jahren. Doch von der Diagnose bis zum Tod hatte der Brustkrebs ihr keine zwei Jahre Zeit gewährt. Diese Bestie, die schon Jannes Großmutter getötet hatte. Janne erinnerte sich genau an jenen Tag. Ausnahmsweise war sie mal nicht erreichbar. Auf dem Anrufbeantworter hörte sie dann die tränenerstickte Stimme ihres Vaters. Bei Krebs glaubte man, auf diese Nachricht vorbereitet zu sein, der Tod war nur eine Frage der Zeit. Doch auf den Verlust eines Menschen konnte man sich nicht vorbereiten. Da war nichts als schneidender Schmerz, schreiende Hilflosigkeit, abgrundtiefe Leere und die erdrückende Last, nun den eigenen Vater trösten zu müssen, ohne selbst Halt zu finden. Wenn Janne an diese Erlebnisse dachte, relativierte sich vieles. Sogar die Furcht vor dem Klimakollaps. Verzweiflung und Trauer wichen der Wut, dass ihre Eltern auf der Jagd nach Wohlstand und Status, oder manchmal auch ums schlichte Überleben, kaum Zeit füreinander gehabt hatten. Janne hatte versucht, mit ihrem Vater etwas nachzuholen, das es nicht nachzuholen gab. Und die Sorgen um die schiere Existenz erstickten seit Jahren jede Freude, jeden Neuanfang. Jetzt war es das dritte Dürrejahr in Folge, und ihrem Vater drohte die Kraft auszugehen. Da war es wieder, dieses Gefühl, ihn retten zu müssen.

Nun saßen sie im Auto. Robert am Steuer. Janne scrollte am Smartphone die neuesten Facebook-Meldungen durch, schaute ab und zu hoch und beobachtete, wie ihr Vater mit leeren Augen die Straße fixierte. Er machte das Radio an, um zur vollen Stunde die aktuellen Wetternachrichten zu hören. Immer die gleichen Meldungen: Brände, Dürre, sinkende Flusspegel, zu trockene Wälder und Felder, Ernteausfälle und steigende Preise. Und wieder kein Regen!

»Wenn du den Hof in Lentzke verkaufst, muss ich mir in Berlin eine Wohnung besorgen.«

Sein Stöhnen kündigte den Beginn der üblichen Diskussion an. »Wir klären das später.«

»Wann später? Weißt du eigentlich, wie schwierig es ist, in Berlin unterzukommen?«

»Versprich mir, dass du nicht mehr zu diesen Demos gehst, dann zahle ich dir die Wohnung.«

Janne wäre beinahe das Smartphone aus der Hand gefallen. Wäre sie sechzehn oder siebzehn und hätte keine Ahnung, was auf sie zukommen würde, gut. Aber sie war keine kleine Schülerin mehr. Sie kannte Berlin auch bei Nacht. Und sie wusste, wie man auf Demos nicht verhaftet wird. Aber ihre Frage war eigentlich beantwortet. Er bog ab in die lange Auffahrt zum Hof, vorbei an den Rapsfeldern und an den Kirsch- und Apfelbäumen, die rund um den hübschen roten Klinkerbau wuchsen. Früher hatten sie gute Ernte gebracht. Vor der Tür stand der Wagen des polnischen Landmaschinenmechanikers, der seit drei Jahren mehr schlecht als recht half, die Geräte in Schuss zu halten. Für Jannes Gefühl kassierte er dafür viel zu viel Geld und verleitete ihren Vater noch früher am Tag zum Trinken, als es gut für ihn war. Auch Roberts Mitarbeiter Petersen war dem Alkohol gefährlich zugeneigt und verleitete ihren Vater regelmäßig zu einem Schlückchen.

»Demonstrationen für den Klimaschutz sind wichtig.«

»Ich will nicht, dass du so wirst wie er.«

»Wovon redest du?«

»Du himmelst deinen Onkel an, als wäre er der Heiland.«

»Was er sagt, ist richtig, und ich bin alt genug, um das richtig zu finden.«

»Sei kurz still.« Robert hielt an und machte das Radio lauter. Der Deutsche Wetterdienst warnte erneut vor Waldbränden und Wasserknappheit. Der Nachrichtensprecher räusperte sich und kündigte an, dass es in Nord- und Ostdeutschland für die Landwirtschaft zu weiteren Einschränkungen in der Wasserversorgung kommen werde, damit die Versorgung der Bevölkerung mit Trinkwasser gewährleistet bleiben könne. Entsprechende Verordnungen würden von der Landesregierung erarbeitet. Janne sah den Kopf ihres Vater nach hinten in die Kopfstütze sinken. Er stieß die Tür auf, stieg aus, ging über den verdorrten Rasen zur Holzbank unter der Kastanie, setzte sich und vergrub sein Gesicht in den Händen.

Janne hievte den Rucksack über ihre Schulter. Als sie ins Sonnenlicht trat, schlug ihr die Hitze ins Gesicht. Einen Moment fragte sie sich, warum sie überhaupt mitgefahren war, und schaute auf ihr Smartphone. Seit Tagen hatte sich Tobias nicht mehr gemeldet. Ihr Streit war kurz, aber heftig gewesen. Die Aktionsgruppen in Berlin waren dabei, sich aufzuspalten. Es gab die radikalen Aktivisten, die bereit waren, sich über den zivilen Ungehorsam hinaus an größeren Sabotageaktionen in Kohlekraftwerken und anderen Einrichtungen zu beteiligen. Andere lehnten dies strikt ab und hielten an den friedlichen Straßen- und Kraftwerksblockaden fest. Janne hatte laut gedacht und Verständnis für die Radikalen geäußert. Doch Tobias lehnte jede Form von Gewalt ab, nur übersah er dabei, wie brutal der Klimawandel zuschlagen würde. War das etwa keine Gewalt? Sie hatte sich entschuldigt, aber ihren Freund einen Feigling zu nennen, war wohl eins zu viel gewesen, und auf Jannes Entschuldigung hatte er bisher nur geschwiegen. Sie musste dringend zurück nach Berlin. Sie sah ihren Vater an.

»Du musst dich mal ausruhen und du musst weniger trinken. Der Alkohol macht alles doch nur noch schlimmer. Hier, für dich«, Janne zog eine Packung Vitamin B_{12} aus der Tasche.

»Was soll das?«

»Nervennahrung.«

»Füllt das auch mein Konto?«

»Oh Gott, ich kann es nicht mehr hören. Du solltest ernsthaft darüber nachdenken, ob du diesen Hof aufgibst. Wenn du hier alles verkaufst, kannst du den Hof in Lentzke behalten, und ich muss nicht eine halbe Weltreise machen, um dich zu besuchen. Dir ist es doch egal, wo du schuftest. Außerdem mag dich Svenja sehr, und sie trinkt nicht.«

Janne wusste, was jetzt kommen würde. Der Hof war seit fünf Generationen im Familienbesitz, so was darf man nicht einfach aufgeben, und wäre Tom nicht einfach verschwunden, würde alles anders aussehen. Wenigstens investieren hätte er können, und überhaupt sei der »Klugscheißer« an allem schuld. Dabei wusste Janne genau, dass dem Hof nicht nur der Klimawandel schwer zusetzte. Der Betrieb war schlichtweg zu klein und warf auch in guten Jahren zu wenig ab. Landwirtschaft lohnte sich nur noch für Konzerne.

»Ich krieg das Loch nicht gefüllt«, murmelte Robert. Die Augen ihres Vaters waren trübe wie nach dem Tod ihrer Mutter. Janne legte ihren Arm um ihn.

»Es tut mir leid. Ich weiß, du hörst das nicht gerne, aber du und Tom, ihr habt mehr gemeinsam, als du denkst.«

»Ach ja?«

»Immer Stress, nie Zeit, nie Zeit zum Zuhören. Ihr arbeitet euch zu Tode. Du ruinierst dich zusätzlich mit Alkohol. Er hat schon Herzprobleme, wusstest du das?«

Die Stirn ihres Vaters sah aus wie ein Acker – tiefe Furchen. Er steuerte – oder wankte? – auf seinen sechzigsten Geburtstag zu. Drei Wochen noch, dann musste man feiern. Und wie?

»Woher weißt du das?«

»Was spielt das für eine Rolle. Vielleicht könnt ihr euren Konflikt endlich lösen, es nervt. Und ich würde meine Cousine und meinen Onkel ganz gerne mal leibhaftig wiedersehen.«

Robert biss sich auf die Lippen.

»Er hätte ja mal herkommen können, aber was soll das schon noch bringen.«

Jetzt stöhnte auch Janne. Plötzlich hörten sie Hilferufe. Eine ältere Frau kam über die Einfahrt gelaufen.

»Wir haben kein Handy, bitte rufen Sie einen Krankenwagen! Mein, mein Mann ist zusammengebrochen«, stammelte die Frau.

Robert sprang auf, drückte auf dem Smartphone den Notruf. Janne rannte Richtung Hauseingang.

»Warten Sie«, brüllte sie, »ich hole Wasser!«

In der Küche riss sie den Kühlschrank auf, griff zwei Literflaschen und rannte zurück. Die Frau war schon wieder auf dem Feldweg. Janne holte sie schnell ein.

»Wo ist er?«

Der Mann lag zwanzig Meter weiter in der prallen Sonne auf dem Boden.

»Der Notarzt ist unterwegs«, rief Robert.

»Hol bitte einen Regenschirm«, schrie Janne.

Ihr Erste-Hilfe-Kurs war Jahre her. Sie hatte keine Ahnung, was sie tun sollte. Sie kniete sich vor den Mann, er atmete noch. Ach ja, das Wasser. Trinken, kühlen. Robert kam angerannt, spannte den Schirm auf und reichte ihn der Frau. Janne hörte das verdächtige Ploppen eines Kronkorkens.

»Bier! Bist du verrückt?«

»Alkoholfrei, er braucht Mineralien. Aber erst Wasser. Gieß ihm etwas über das Gesicht. Langsam. Ich heb ihn gleich etwas an, und du gibst ihm zu trinken, okay?«

»O Gott, o Gott«, wimmerte die Frau.

»Bier!«, dachte Janne. Sie wusste nicht, dass er auch alkoholfreies Bier hatte. Und er hatte recht: Mineralien!

Der Mann war nicht völlig bewusstlos. Er half, sich aufzurichten, langsam öffneten sich seine Augen.

»Können Sie mich hören?«, fragte Robert.

Der Mann nickte. Janne setzte die Bierflasche an seinen Mund und ließ den alten Mann vorsichtig trinken. Er hatte eine Platzwunde am Kopf und wirkte extrem geschwächt. Das Warten war zermürbend. Aus der Ferne hörten sie irgendwann ein Martinshorn.

Robert versuchte die erschütterte Frau zu beruhigen.

»Na, Gott sei Dank. Da sind sie. Normalerweise dauert das hier länger.«

Die Frau hatte sich erschöpft auf den Boden gesetzt und hielt den Schirm über ihren Mann. Der Rettungswagen rumpelte über den Feldweg. Wie in Zeitlupe, dachte Janne. Endlich kam der Wagen zum Halten, und der Notarzt stieg aus. Er grüßte entspannt, kniete sich nieder und musterte die Lage: Blutung, Atmung, Schock?

»Okay, haben Sie gut gemacht«, lobte er. Zwei Sanis kamen mit der Trage. Der Notarzt versorgte die Platzwunde, sie hievten den Mann in den Rettungswagen und legten ihm eine Infusion.

»Mineralien«, murmelte Robert.

Dann ging der Notarzt zur Frau. »Ihr Mann wird überleben und ist bald wieder auf den Beinen.«

Sie wirkte etwas erleichtert. Dann wurde sein Ton schärfer.

»Aber wie alt ist er? Fünfundsiebzig? War es seine Idee, bei über 40 Grad eine Fahrradtour zu machen?«

Janne war fassungslos. »Sagen Sie mal – sehen Sie nicht, dass die Frau unter Schock steht. Ihr Mann wäre beinahe gestorben!«

»So bleibt's besser in Erinnerung. Allein heute hatten wir hier vier Tote durch Hitzschlag oder Dehydration, und seit Tagen warnen alle Medien, dass man mittags die Sonne meiden soll.«

Der Notarzt klappte seinen Koffer zu. »Sie können mit uns fahren«, signalisierte er der Frau, nickte Janne zu und setzte sich neben den Patienten. Während der Rettungswagen rückwärts rumpelte, öffnete Robert ein Bier.

»Das wird in den kommenden Jahren noch schlimmer«, sagte Janne.

»Sagt das dein grandioser Onkel? Der es sich auf klimatisierten Banketten mit edlem Essen gut gehen lässt? Der dauernd um die Welt fliegt, als gäbe es kein Morgen? Und was hat der erreicht?«

Janne schüttelte den Kopf und drückte ihrem Vater den Schirm in die Hand.

»Seine Meinung kannst du dir bald live anhören.«

»Wieso?«

»Er hat seinen Job hingeschmissen und kommt nach Potsdam. Und ich brauche kaum deinen Bruder, um zu erkennen, dass die

Demos nichts mehr bringen. Wir brauchen längst andere Aktionen. Und außerdem ist deine Landwirtschaft einen Scheiß von nachhaltig«, fauchte Janne. Beinahe wäre Robert das Bier entglitten. In der einen Hand die Flasche, in der anderen den Regenschirm blieb er schwitzend und sprachlos auf dem Feldweg in der prallen Sonne stehen.

Kapitel 5

FAST EIN GANZES JAHR SPÄTER, MITTE MAI IN POTSDAM – 36 GRAD

»Wann geht mein Flug nach Reykjavik?«, fragte Tom Beyer mit müder Stimme und presste das Telefon an sein Ohr.

»Um 11, ich habe Ihnen alles in den roten Ordner gelegt. Das Taxi holt Sie um 8 Uhr 30 ab«, sagte Tatjana Fölz, die Leiterin seines Sekretariats.

»Na gut. Verschieben Sie bitte bis kommende Woche Montag alle Termine. Ich werde ein paar Tage länger in Island bleiben.«

Auf dem Bildschirm las Tom die aktuellen Berichte von den Bränden in Thüringen und Bayern. Kohorten von Einsatzkräften versuchten schon seit Tagen, die Feuer unter Kontrolle zu halten. Wie so oft wurde auch von Demonstrationen berichtet. Besonders bizarr waren wieder die rechten Gruppen. Sie demonstrierten gegen einen Staat, der die Brände angeblich mit Absicht legte, um das deutsche Volk zu unterdrücken. Tom klickte die Meldungen weg, lehnte sich in seinen Sessel, lauschte dem Surren der Klimaanlage und rieb sich den Dreitagebart. Sein Blick fiel auf den großen Refraktor. Das Linsenfernrohr war 1899 eingeweiht worden und war das erste Doppelteleskop, das speziell für Astrophysik errichtet wurde, eine wissenschaftliche Meisterleistung ihrer Zeit. Heute stand die Sternwarte unter Denkmalschutz. Die Zahl der Besucher hatte stark abgenommen. Die Zahl der Drohbriefe und Beschimpfungen gegen ihn und seine Mitarbeiter stieg dafür täglich. Wie schon in der Pandemie war es wieder die Wissenschaft, die im medialen Kreuzfeuer stand. Ein Phänomen, das Tom erst verstand, als er nach Potsdam kam. Er wunderte sich, wie es möglich war, dass eine offensichtlich ungebildete Minderheit dermaßen laut, vulgär und mitunter gewalttätig gegen Andersdenkende pöbelte. Egal, ob die anderen mehr wussten und in der Mehrheit waren. Polemisieren konnte man das kaum nennen, denn Polemisieren basierte ja irgendwie auf Argumenten. Trotzdem empfand Tom das vergiftete Stimmungsklima in Deutschland noch erträglicher als die Situation in den USA. Dort brauchte man ständig Security. Morgens Security, um Mareike in die Schule zu fahren, während ein anderes Security-Team ihn ins Büro brachte, während mindestens ein Security-Mann das Haus und seine Frau Lisa beschützte. Besser zwei.

In dem Moment öffnete jemand die Tür und riss Tom aus seinen Gedanken.

»Was zum Teufel …?«

»Entschuldigen Sie. Hier ist ein Herr vom Deutschen Wetterdienst, der Sie dringend sprechen möchte«, sagte eine junge Mitarbeiterin aus Tatjanas Team. Tom hatte sie schon gesehen, aber mit ihr noch nie gesprochen, er wusste noch nicht einmal ihren Namen. Das war sonst nicht sein Stil. Einfach zu viel Arbeit …

»Alles gut. Frau …?«

»Gansel, Miriam. Ich …«

»Ich muss mich entschuldigen«, unterbrach Tom, stand auf und ging auf sie zu. »Ich hoffe, ich habe bald auch mal Zeit, die Menschen kennenzulernen, die mich am Leben erhalten! Bitten Sie den Gast herein.«

Ein drahtiger Businesstyp kam mit energischen Schritten auf ihn zu. Leger in Jeans, weißem Hemd, gebügelt, kurze Ärmel, Laptop unterm Arm.

»Guten Tag, Herr Beyer. Mein Name ich Bastian Rieger. Danke, dass Sie sich Zeit für mich nehmen«, sagte der Mann, seine dunklen Haare waren kurz geschoren und das glatt rasierte Gesicht ließ auf gerade mal dreißig Jahre schließen.

»Was kann ich für Sie tun?«

»Sie wissen, was uns dieses Jahr erwartet?«

»Sie meinen das Wetter? Möglich. Wohlmöglich ahne ich auch, was uns in den nächsten Jahrzehnten erwartet.«

Der Drahtige öffnete seinen Laptop. Nach wenigen Sekunden zeigte er eine Grafik, die die aktuelle Wettersituation vom Nordpol über das östliche Russland bis nach Nordafrika abbildete.

»Sie kennen das Phänomen, stabile Wetterlagen, die normale Dynamik setzt aus. Auch dieses stabile Hoch wird in den kommenden Wochen nicht abziehen. Wenn kein Wunder geschieht, wird sich das bis in den November halten. Kein Regen weit und breit, sondern Dürre, gefährliche Dürre!«

Der junge Mann hatte einen interessanten amerikanischen Akzent. Seine Armbanduhr war dezent, aber teuer. Dazu passten die Schuhe, auch unauffällig, aber eindeutig maßgeschneidert.

»Und was wollen Sie von mir?«

»Ich habe gehört, dass Sie sich mit den Möglichkeiten einer verbesserten Technologie für die Verpressung von CO_2 beschäftigen. Es gibt viele, die das unterstützen und fördern wollen.«

Tom ging zu seinem Schreibtisch und setzte sich, den Signalknopf für die Security an der Telefonanlage in Reichweite. War der wirklich vom Wetterdienst? Ein Klick auf den Monitor zeigte: Tatjana war noch auf dem Weg ins Homeoffice. Noch zehn Minuten, wenn sie nicht im Stau steckte. Also mindestens zwanzig Minuten, vielleicht eine halbe Stunde, bis sie ihm bestätigen könnte, ob das ein echter Wetterfrosch war, der sich gerade mit einer ziemlich dilettantischen Einführung auffällig gemacht hatte.

»So gut wie jeder Klimaforscher auf der Welt beschäftigt sich mit dieser Frage. Das sollten Sie eigentlich wissen.«

»Gut. Ich möchte Sie nach Frankfurt zu einem inoffiziellen Treffen von hochrangigen Managern aus der Finanzindustrie einladen. Wir möchten mit Ihnen über die Weiterentwicklung dieser Technologien sprechen, denn ohne negative Emissionen kommen wir aus der Sache nicht mehr raus.«

Tom schüttelte innerlich den Kopf, atmete aus, ging zu einem seiner Bücherregale und nahm das neue Buch eines amerikanischen Kollegen in die Hand. Der vertrat vehement die These, dass der freie Markt über Konkurrenz und Preise die CO_2-Emissionen niemals ausreichend senken würde.

»Sie sind also vom Deutschen Wetterdienst, ja?«, lachte Tom. »Diese Lektüre empfehle ich Ihnen und Ihren Partnern dringend. Es gibt keinen Königsweg, nicht die eine Technologie, mit der man auch noch Gewinne erzielen kann, nur eine ganz große Rechnung, die wir alle bezahlen werden. Leider fehlt mir jetzt die Zeit, um das zu diskutieren.«

Tom ging zur Tür und öffnete sie. Widerstrebend, aber folgsam nahm der Besucher seinen Laptop und erhob sich. Dann reichte er Tom eine Visitenkarte. *Bastian Rieger. GreenLogik Investment*

»Dachte ich es mir doch! Ihr Auftritt hier war mehr als suboptimal«, ätzte Tom.

»Wollen Sie weiter auf die Politik warten? Innovation kommt immer aus der Wirtschaft, die …«

»… die Politik unterwandert und uns da hingebracht hat, wo wir sind. Also guten Tag, Herr Rieger.«

»Ich würde Ihnen raten, diesen Termin wahrzunehmen. Der Fonds verwaltet Billionen. Geld von Menschen, die bereit sind, auf einen erheblichen Teil ihres Vermögens zu verzichten.«

Tom lachte höhnisch und ging zurück zu seinem Schreibtisch. Sein Puls stieg, und seine rechte Hand ballte sich unwillkürlich zur Faust.

»Netter Versuch, aber jetzt muss ich Sie bitten zu gehen und ich wiederhole mich nur ungern.«

»Schneller werden Sie Ihr ehrgeiziges Programm nicht umsetzen können, vielleicht gar nicht. Das ist die Chance, von der Sie Ihr

Leben lang geträumt haben, überlegen Sie sich das gut«, zischte der Mann scharf und verschwand.

Für einen Moment stand Tom regungslos da. Etwas in seiner Magengrube signalisierte Unbehagen. Was war das denn jetzt? Hatten Lil und das Team in New York Wort gehalten und geschwiegen? Sie hatten seit Wochen kaum miteinander gesprochen. Tom wusste, dass Lil unter den ständigen Angriffen der Medien gelitten hatte. Einmal hatte sie bei einer Pressekonferenz spontan das Wort ergriffen. Sie hatte nicht nur lauthals das Ende des Wachstumswahnsinns gefordert, sondern auch Teile des Phönix-Programms erwähnt und mit den verpassten Chancen bei der Pandemiebekämpfung verglichen. Die anschließende Hasskampagne im Netz sollte ihr eigentlich klargemacht haben, dass der Präsident des Weltklimarates in einer Sache richtiglag. Die Menschen waren weit davon entfernt, dem radikalen Phönix-Programm ohne echte Not folgen zu können. Tagtäglich drehte sich alles nur um den drohenden Wohlstandsverlust durch Pandemie und Krieg. Viele Menschen wähnten sich immer noch in einer Welt, in der es mit Frühling, Sommer, Herbst und Winter eine berechenbare Zukunft geben würde, und dazu gehörte fatalerweise auch der größte Teil der politischen Elite. Dabei war unsere Zivilisation – und das schien kaum jemand zu begreifen – in einer klimatisch außergewöhnlich freundlichen Zeit nach der letzten Eiszeit überhaupt erst möglich geworden. Und nun, innerhalb von nur etwas mehr als 150 Jahren, hatte das Verhalten der Menschen eine Auswirkung, die der eines Kometeneinschlags gleichkam und ein riesiges Massensterben auslösen könnte. Nun war es an der Zeit, dass die politische Kaste einen gewaltigen Fehler eingestehen musste. Bevor Tom nach Potsdam wechselte, hatte er nächtelang mit Lil und anderen Wissenschaftlern diskutiert, ob sie Hubers eindringlicher Bitte – die im Grunde eine kaum verhohlene Drohung war – folgen sollten oder nicht. Am Ende einigte man sich auf einen gefährlichen Kompromiss. Klimaforscher machen keine Politik! Sie folgten Hubers Rat, mischten sich nicht ins Tagesgeschehen ein und brachten ihre Forschungen und Projekte im Hintergrund voran.

Aber wie stabil war Lil wirklich? War die Lobby der Finanzindustrie auch bei ihr schon aufgelaufen? Mit etwas zittriger Hand nahm Tom sein privates Smartphone. In New York war es 7 Uhr morgens.

»Bitte geh ran …«

»Dies ist die Mailbox von Lil Marrow, bitte hinterlassen Sie eine Nachricht, vielen Dank.«

»Mist!«

Kapitel 6

Nach einer ruppigen Landung in Islands Hauptstadt ging es mit dem Hubschrauber südwestlich zum Gelände des Energieversorgers Reykjavík Energy. Bisher hatte die weltweit größte Apparatur zur Verpressung von CO_2 wenig Aufmerksamkeit auf sich gelenkt. Die isländische Regierung war somit der ideale Partner, um das Projekt ohne große Publicity und Gewinnorientierung voranzutreiben.

Tom schaute von oben auf die hundertfünfzig Ventilatoren, jeder von der Größe eines Schiffscontainers, die mit einem monotonen Brummen die Umgebungsluft ansaugten. Wenn diese die Boxen wieder verließ, fehlte der Stoff, aus dem der Albtraum war: Die Anlage filterte einen großen Teil des Kohlendioxids aus der Luft. Danach wurde es entweder in flüssigem Zustand in riesigen überirdischen Containern gelagert. Das eigentliche Potenzial lag aber in der dauerhaften Lagerung des Kohlendioxids in den Tiefen der Erde, genau dort, wo das Erdöl, das Gold der fossilen Epoche, hergeholt wurde. Seit Monaten hatten die Ingenieure damit begonnen, Wasser mit Kohlendioxid zu versetzen und 700 Meter in die Tiefe zu pumpen, wo es in dem porösen Basaltgestein, das große Mengen an Magnesium, Kalzium und Eisen enthält, innerhalb von zwei Jahren versteinern würde. Einmal zu Stein geworden, wäre nun der Klimakiller auf ewig ins Erdreich verbannt. Da sich

Basalt, die erkaltete Lava, überall auf der Erde befand, besonders unter den Ozeanen, hoffte man natürlich, diese Technologie auch an anderen Orten etablieren zu können.

Seit einem halben Jahr hatte Tom die Mittel für das Pilotprojekt gesammelt, um vielleicht auf diese Weise in Zukunft das Klimaproblem in den Griff zu bekommen. Das Verfahren war teuer, und um effektiv zu sein, müsste es in unvorstellbaren Dimensionen weltweit bereitgestellt werden. All die Billionen, die seit Beginn des 20. Jahrhunderts für die Gewinnung fossiler Brennstoffe investiert worden waren, müssten ausgegeben werden, um das CO_2 wieder dort hineinzupumpen, wo es hergekommen war. Der letzte Sommer hatte es vielen klargemacht: Die Auswirkungen des Klimawandels waren schneller als erwartet eingetreten. Neben unzähligen Waldbränden und Hitzetoten war auch plötzlich sichtbar, dass chronische Dürren bald eine Versorgungskrise von Futter- und Lebensmitteln bedeuten könnte. Nicht in Afrika, nein, hier in Europa! Eine Lage, die den gesellschaftlichen Zusammenhalt ernsthaft gefährden würde. Es war höchste Zeit, Lösungen umzusetzen, wusste Tom, und er und seine Mitstreiter waren näher dran als alle anderen.

Der Helikopter landete neben dem strahlend weißen Verwaltungsgebäude. Tom wartete, bis die Rotoren etwas an Kraft verloren, und sah, wie Gunnar Ragnarsson im Blaumann mit den Armen wedelte. Der Technische Leiter des CarbonFix-Programms war die Seele des Projekts. Bis Tom sich engagierte, hatte der Energieversorger mit einem internationalen Konsortium zusammengearbeitet, das vor allem den Markt für börsengehandelte Emissionszertifikate im Auge hatte. Es war Gunnars Verdienst, dass die isländische Regierung das Projekt verstaatlichte und jede weitere Einmischung und Beteiligung der Privatwirtschaft ablehnte. Tom hatte Island nicht zufällig ausgewählt. Allein unter der Vulkaninsel konnte man die zehnfache Menge des Kohlendioxids lagern, das die gesamte Menschheit in einem Jahr ausstößt. Langsam hatte sich die Effizienz des Pilotprojekts erhöht. Dennoch verbrauchte das Verfahren immer noch zu viel Wasser und Wärme.

Tom öffnete die Tür und stieg auf den Boden, auf dem die Zukunft entstand.

»Hey, Gunnar«, sagte er und nahm den blonden Riesen mit einem leichten Klopfen auf den Rücken in den Arm.

»Wir machen Fortschritte«, sagte Gunnar.

»Das hoffe ich doch«, sagte Tom und schaute sich um.

»Wie geht es Frau und Kind?«

»Mareike hat sich in Berlin eingelebt, aber Lisa hadert noch. Sie ist nach Boston zu Freunden geflogen«, sagte Tom bewusst lapidar.

Gunnar nickte. »Sie mochte Island, bring sie doch öfter mit. Du weißt, ihr seid bei uns immer herzlich willkommen. Du musst ihr helfen anzukommen. Sonst alles in Ordnung? Du siehst müde aus.«

»Was …? Ja, keine Sorge. Also welche Fortschritte hast du gemacht?«, fragte Tom und wollte ablenken, bevor Gunnar ihm wieder ins Gewissen reden würde, dass er sich mehr Zeit für die Familie nehmen sollte, dass es keinem helfen würde, wenn er zusammenbrechen würde, dass die Welt auch ohne ihn dem Abgrund näher komme und warum er sich nicht fragte, wann er eigentlich auch mal leben wollte.

»Ihr Deutschen – immer schnell bei der Sache und von morgens bis abends effizient«, lachte Gunnar und öffnete die Tür zu seinem Büro. Drei Schreibtische, auf jedem zwei bis drei Bildschirme, auf einem so viele Unterlagen, dass die Tastatur darunter vergraben war. Sämtliche Bücherregale quollen über vor Akten.

»Sag, hat es in der letzten Zeit irgendwelche Anfragen – oder sagen wir besser neugierige Gäste gegeben?«

Gunnar setzte sich an seinen Rechner und schaute Tom mit seinen großen blauen Augen an, schwieg, presste die Lippen zusammen und atmete tief aus. »Hier vor Ort, das wüsste ich«, sagte er und öffnete mehrere Dateien mit den neuesten Daten des Konverters. »Sieh mal, wir haben den Energieverbrauch pro Tonne noch mal um drei Prozent senken können«, fuhr er fort und drehte den Bildschirm zu Tom.

Tom wusste, wie sehr das von der Lobby weich gekochte CO_2-Handelssystem versagt hatte, nachdem etliche Staaten kostenlos Emissionszertifikate an Unternehmen aus energieintensiven Branchen wie Stahl oder Zement verteilten. Da die Konzerne mehr bekamen, als sie brauchten, fluteten sie das System mit Verschmutzungsrechten, und anstatt den CO_2-Ausstoß zu verringern, verdienten sie Milliarden mit den Zertifikaten. Dieser Markt könnte durch die CO_2-Konverter eines Tages vielleicht wirklich zerstört werden. Im Moment aber waren sie noch weit davon entfernt. Dennoch würde das Lobbyisten wie den ungebetenen Besucher im Institut auf den Plan rufen, die Tom gerade gar nicht gebrauchen konnte.

»Gunnar, bitte. Könnte etwas von unseren Fortschritten nach außen gelangt sein?«

Gunnar wendete sich ab, schüttelte den Kopf und suchte unter seinen hochgetürmten Unterlagen. Dann zog er die Tageszeitung *Morgunblaðið* heraus. Tom sah das Foto des Geländes und einen Ausschnitt des Konverters.

»Unser Außenminister ist etwas geschwätzig gewesen, aber er hat nur gesagt, dass diese Technologie Fortschritte macht. Wir sind ja auch nicht die Einzigen, die da dran sind. Dein Name ist nirgends erwähnt, und auch keine andere Zeitung hat das übernommen«, sagte Gunnar und schmiss das Blatt auf den Tisch. »Was ist denn passiert?«

»Ich hatte einen unangenehmen Besucher. Er sprach explizit von dem *Programm*. Vielleicht mach ich mir aber auch zu viel Sorgen«, sagte Tom.

Gunnar sah Tom fragend an.

»Programm? Sprechen wir noch über unser Projekt oder mehr?«

»Wie du weißt, werden wir nie so effizient werden, wie es nötig wäre, das bedeutet …«

»Climate Engineering?«, unterbrach Gunnar, verschränkte die Arme und biss sich auf die Unterlippe.

»Weitaus mehr, aber es reicht, wenn ich mir den Ruf ruiniere. Wir müssen vielleicht früher an die Öffentlichkeit gehen«.

Toms Smartphone vibrierte in der Hosentasche. Er sah auf das Display. Eine unbekannte Nummer aus den USA. Tom nahm solche Anrufe nicht an und wartete ab, ob jemand eine Nachricht auf seiner Mailbox hinterließ, sonst gab es auch keinen Rückruf. Er steckte das Smartphone wieder ein. Erneut an Gunnar gewandt, zeigt er auf das *Time Magazine,* das auf dem Schreibtisch lag, und tippte auf die Headline: »Ist es zu spät?« Der Artikel bezog sich auf die aktuelle Hitzewelle in Europa und dass die Zahl der Hitzetoten in diesem Jahr die Marke des Rekordhitzesommers von 2003 überschreiten würde. Der Punkt, an dem die Kipppunkte die weitere Erderwärmung unumkehrbar beschleunigen würden, könnte weitaus schneller erreicht sein, als alle Modelle es prognostiziert hatten.

»Tom, die Technologie ist noch zu teuer!«

»Weiß ich doch. Wie ich schon sagte, es geht um mehr, und wenn ich recht behalte, spielt Geld dabei keine Rolle. Der Markt löst gar nichts. Kein einziges unserer Probleme«, sagte Tom.

Gunnar hatte den Mund geöffnet und die Augen aufgerissen.

»Spekulierst du mit der Katastrophe?«

»Womit denn sonst? Ja, das ist zynisch, aber das Unausweichliche ist doch keine Spekulation, es ist Mathematik. Wir sind an dem Punkt angekommen, wo es wohl nur noch darum geht, die Katastrophe zu managen.«

Wieder vibrierte sein Smartphone, diesmal war es seine Sekretärin. »Frau Fölz?«

»Herr Beyer. Es tut mir leid, aber ich … Lil Marrow, Lil ist schwer verletzt worden!«

Tom suchte mit der rechten Hand Halt am Tisch und sackte, als hätte man ihm den Stecker gezogen, in einen Stuhl. Er sah, wie sich Gunnars Gesicht sorgenvoll verzog. Sein Körper lief Amok, jede Zelle brannte, sein Atem stockte, sein Herz schrie, seine Gedanken rasten. Wie in Zeitlupe sah er die Szene, als er sie bei ihrem Treffen in einem Restaurant in New York das letzte Mal lächeln sah.

Tom versuchte, sich zu fassen. »Was ist passiert?«

»Ihr Sekretär meinte, dass im Netz eine Hate-Kampagne gegen sie lief, nachdem dort ein Video von ihr aufgetaucht war«, stammelte Frau Fölz.

»Moment, Moment – ein Video von Lil? Im Netz? Was genau soll das heißen?«

»Ich weiß es nicht. Die Polizei ermittelt noch.«

»Die Polizei ermittelt? Soll das heißen, es war ein Attentat?«

Gunnar setzte sich an seinen Rechner und hämmerte hektisch in die Tastatur.

»Ich weiß es nicht«, sagte Frau Fölz, ihr schweres Atmen war deutlich zu hören.

»Ich komme sofort zurück. Sagen Sie der Security Bescheid, dass niemand mehr ohne Ausweis und vorherige Anmeldung das Gebäude betreten darf«, sagte Tom energisch, legte auf und wählte die Nummer von Mareike.

»Tom, das musst du sehen«, flüsterte Gunnar.

»Warte einen Moment …«

»Hey, Dad«, die Stimme seiner Tochter beruhigte ihn kurz.

»Hör mir zu. Bist du in Berlin oder zu Hause?«

»Berlin ist nicht mehr auszuhalten. Ich fahr mit Janne aufs Land. Alles okay?«

Für einen Moment hielt Tom inne. Noch war nicht klar, was passiert war. Sollte er seine Tochter ohne Not beunruhigen? Mareike war es von klein an gewohnt, dass ihr Vater großen Risiken ausgesetzt war. Sicherheitsdienste und Stillschweigen in Schule und Uni waren Standard. In Deutschland lebte sie völlig unerkannt. Zwar war sie mit ihren Modethemen in den sozialen Medien präsent, jedoch niemand ahnte etwas von ihrem Bezug zu ihrem berühmten Vater. Dass das zu ihrer eigenen Sicherheit so bleiben musste, hatte Tom ihr tausend Mal eingebläut. Seine erste Aufgabe war es nun, herausfinden, in wessen Auftrag der unbekannte Besucher vom Morgen sich ins Institut eingeschlichen hatte. In den letzten Jahren hatte der Weltklimarat jeden kleinen Erfolg dem massiven Druck der Lobbyisten abringen müssen, die sogar noch Einfluss auf die Formulierungen des Berichts nehmen wollten. Für die Wissenschaftler wurde es immer schwerer und riskanter, unabhängig zu agieren und sich nicht korrumpieren zu lassen. Und das heute, war das alles nur Zufall? Tom schlug das Herz bis in die Kehle.

»Dad?«

»Ja, alles gut. Dort bist du gut aufgehoben. Seid ihr allein?«

»Ja, sind wir. Dad, diese Hitze … Wie lange geht das noch?«

»Kann ich dir noch nicht sagen, Schatz. Ich bin am Abend wieder in Potsdam. Wir sehen uns.«

»Du kommst hierher?«

»Schick mir die Adresse.«

»Wow, ich bin begeistert. Dad? Robert braucht Hilfe. Janne kann das nicht mehr allein mit ihm stemmen. Kannst du es nicht wenigstens versuchen?«

Tom verdrehte die Augen, schüttelte den Kopf und blickte durchs Fenster in den strahlend blauen Himmel. »Mareike, ich habe gerade wirklich andere Sorgen. Ich muss Schluss machen. Also bis später.«

Tom steckte sich das Smartphone in die Hosentasche und setzte sich auf einen Stuhl gegenüber von Gunnar, der ihn ratlos anblickte.

»Tut mir leid, Gunnar, ich bin fertig mit den Nerven«, klagte Tom. Gunnar drehte den Bildschirm zu ihm.

»Schau mal. Das ist doch Lil, oder?«, fragte Gunnar und atmete tief aus.

»Was zum Teufel. Wie kommt das ins Netz?«

»Was meinst du?«

Tom traute seinen Augen nicht. Er sah, wie Lil im Gebäude der UNO vor Kollegen einen Vortrag hielt. Dort herrschte höchste Geheimhaltungsstufe, und es war strengstens verboten, Aufnahmen zu machen. Zugang hatten nur ein paar handverlesene Wissenschaftler.

»Mach mal lauter …«

»… Sie können diese Fakten nicht länger unter Verschluss halten. Die drastischste Variante der Prognosen, die der Rat vor fünfzehn Jahren abgegeben hat, tritt ein. Wir können weder warten noch Rücksicht auf die Diplomatie nehmen. Nicht zwei Grad, nicht drei Grad. Selbst wenn die Staaten noch ihre Ziele von Paris einhalten, bewegen wir uns bis 2100 auf die fünf Grad zu, und Sie wissen, dass wir ohne Negativemissionen dem Untergang geweiht sind!«, sagte Lil, in die Runde blickend.

»Sie unterschätzen, dass die Politik noch die Möglichkeit hat, darauf einzuwirken. Außerdem hat Ihre Studie eine Schwäche. Der Anteil der Emissionen durch fossile Brennstoffe wird überschätzt und die Emissionen der Landwirtschaft werden unterschätzt«, erwiderte ein sichtlich erboster Mann.

»Tut mir leid, aber das gleicht sich deshalb nicht aus, falls Sie das als Theorie verfolgen. Die neuen Prognosemodelle bilden genau das besser ab.«

»Sie wollen in dieser politischen Lage mit diesen Thesen an die Öffentlichkeit? Das ist unverantwortlich und …«

Das Bild brach ab. Unter dem Post reihten sich Hassbotschaften, aber auch viele besorgte Stimmen, soweit Tom das auf den ersten Blick einschätzen konnte.

»Das hätte nie nach außen dringen dürfen – ich fasse es nicht!«, polterte Tom. Sein Verdacht, dass bestimmte Gruppen nun zu härteren Mitteln greifen würden, um die Arbeit der Wissenschaftler des Klimarates zu diskreditieren, schien sich zu erhärten.

Gunnar suchte weiter im Netz und stieß auf mehrere Artikel, die am Morgen in renommierten konservativen Zeitungen erschienen waren.

Dort wurde bereits fleißig an der Relativierung des Worst-Case-Szenarios gearbeitet. Aber nirgends wurde Lil auch nur genannt.

»Lils Vortrag ist schon Wochen alt. Ich sehe da keinen direkten Zusammenhang. Aber heute haben sich mehrere Institute dazu geäußert«, sagte Gunnar und berichtete weiter, dass sie zwar keine Erwärmung um fünf Grad gegenüber der vorindustriellen Zeit befürchteten, allerdings hätten gleich ein paar relevante Forscher die Prognosen auf eine Erwärmung um bis zu 3,4 Grad nach oben korrigiert, da die Zusagen von Glasgow kaum umgesetzt wurden.

»Alles Zufall, ja? Wer setzt so ein Video ins Netz – und mit welcher Absicht?«, konterte Tom.

Gunnar stand auf, ging zum Fenster, schaute auf die Anlage und schnaufte.

»Tom, ich unterstütze dich. Eines ist klar: Wer immer das online gestellt hat, wusste, dass Lil damit in radikalen Kreisen zur Zielscheibe würde. Du musst mehr Leute hinter dich sammeln!« Gunnar ballte kämpferisch die Faust. »Die Menschen sind bereit für Veränderungen. Die Prognosen stimmen. Wer weiß, was am Ende dieses Sommers als Bilanz dastehen wird. Zumindest wird es jetzt richtig schmerzhaft, und damit spekulierst nicht nur du!«

Gunnar starrte Tom sekundenlang an.

»Du ziehst tatsächlich mit?«, wunderte sich Tom und wurde sich der Überflüssigkeit seiner Nachfrage bewusst, als er in die entschlossenen Augen seines isländischen Freundes sah. Der war genau wie er selbst davon überzeugt, dass es noch zu schaffen sein könnte. Keine Wunder, sondern Taten waren nötig. Und doch wuchs mit jedem weiteren Tag in Tom die Überzeugung, dass der

Homo sapiens eine aussichtlose, empathielose und kranke Fehlkonstruktion sei und dass erst sein Aussterben der Erde die Chance geben würde, eine neue, eine vielversprechendere Evolution in Gang zu setzen. Aber er vermied es tunlichst, diese stille Resignation mit jemandem zu teilen. Auch um sich selbst zu schützen und nicht das Handtuch zu werfen.

»Gut, dann weih ich dich jetzt in das Phönix-Programm ein. Du könntest mir helfen und in Genf einiges für die Pressekonferenz vorbereiten. Aber das könnte bedeuten, dass du deinen Job hier verlierst«, sagte Tom.

»Tja, so ein Scheiß aber auch«, lachte Gunnar.

Kapitel 7

Die Luft roch nach Gewitter. Über die Felder Nordfrieslands fiel der erste sanfte Regen, doch das Nass drang nicht in die staubtrockene Erde ein. Der letzte Wolkenbruch im April hatte das Getreide kurz gedeihen lassen, doch dann begann die Sonne den Pflanzen zuzusetzen. Über Wochen war keine Wolke am Himmel zu sehen. Der Mais war gerade mal ein paar Zentimeter gewachsen, aber die Blattspitzen waren graubraun vertrocknet. Das schon vor dem Mähen verdorrte Heu war kaum zu gebrauchen, dabei würden die letztjährigen Vorräte in den Futtersilos kaum bis in den Juni reichen. Seit Anfang Mai brannte die Sonne ununterbrochen auf den knochentrockenen Boden. Temperaturen von über 40 Grad machten die Feldarbeit zur Tortur. Jede Fahrt mit dem Traktor wirbelte meterhohe Staubwolken auf, die Landwirte schützten sich mit Masken, die sie während der Corona-Pandemie angehäuft hatten. Überall auf Deutschlands Feldern konnte man diese Staubwirbel sehen. Der Deutsche Wetterdienst im Chor mit den Wetterfröschen der anderen europäischen Staaten meldete Tag für Tag neue Temperaturrekorde, und das kontinentale Hochdruckgebiet saß seit Wochen fest, ohne Anzeichen einer baldigen Veränderung. Die Außenbereiche des Hochdruckwirbels zogen warme und feuchte Luft vom Atlantik bis an die Westküste Grönlands. Wie eine wärmende Decke lag nun eine Wolkenschicht über dem normalerweise kalten Norden, die wie eine wärmende Schicht auf die darunterliegenden Gebiete mit dem so wertvollen ewigen Eis wirkten. Die Nachrichten überschlugen sich: Rekordschmelze im fernsten Norden und Wüstenstaub aus der Sahara an der deutschen Nordseeküste. Schon im Jahr zuvor hatten verheerende Brände riesige Flächen der Touristenhochburgen im Süden Europas, aber auch im Süden der Vereinigten Staaten und im fernen Sibirien zerstört. Viele Menschen hatten sich diesmal für den Urlaub in den Norden ans Meer geflüchtet.

Der einsetzende Wind machte die Hitze an diesem Morgen etwas erträglicher, trug aber auch weiter Boden von den ausgetrockneten Feldern ab. Die Touristen an der Küste erlebten Abend für Abend das spektakuläre Schauspiel eines glutroten Sonnenuntergangs. Weit hinten am Horizont waren sogar manchmal Wolken zu sehen, doch die Hoffnung auf ein kühlendes Gewitter erfüllte sich nicht. Die Gäste blieben bis in den späten Nachmittag in ihren klimatisierten Hotels, und besonders ältere Menschen trauten sich erst bei leichter Abkühlung an den Strand und ins rettende Nass.

In den ersten Jahren des Klimawandels hatten die Touristengebiete in Norddeutschland von den steigenden Temperaturen und den längeren Sonnenzeiten profitiert. Nun aber standen Gastronomen, Hoteliers und Landwirte am Abend vor ihren Türen und schauten gebannt vor Sorgen in den Himmel. Niemand war auf solch einen Sommer vorbereitet.

Robert lehnte sich an den Reifen seines Traktors und sah, wie Hark Thomsen vom Nachbarhof seinen Pick-up abstellte. Den Blaumann hatte er über die Waden gekrempelt, vom aufgedunsenen roten Gesicht lief ihm der Schweiß auf die behaarte Brust, und beim Laufen quietschten seine Füße in den grünen Gummistiefeln. Mit zwei Bier in der Hand torkelte er auf Robert zu. Seine blauen Augen waren entzündet, die schütteren strohblonden Haare klebten an der Stirn.

»Na wie sieht es aus?«, fragte er, schnaufte und fummelte an seinem Smartphone herum.

»Was soll die blöde Frage? Das wird dies Jahr wieder nichts«, polterte Robert.

»Achtzig Prozent sind im Arsch und vielleicht noch mehr!«, stimmte Thomsen ein und reichte Robert das Bier. »Hast du schon das Geld bekommen?«

»Angeblich kommende Woche, aber wenn ich nicht bald den anderen Hof verkauft kriege, muss ich schlachten!«

»Scheiße«, sagte Thomsen, stellte sich neben Robert und hielt den Bildschirm auf Roberts Augenhöhe, drehte den Ton lauter. Der NDR berichtete:

Die seit Tagen wütenden Waldbrände im Thüringer Wald forderten ihre ersten Todesopfer. Ein Löschfahrzeug mit sieben Insassen wurde am Morgen in der Nähe der Gemeinde Tambarch-Dietharz von den Flammen eingeschlossen. Suchtrupps fanden Stunden später vier Leichen. Drei Personen werden noch vermisst. Die Flammen dehnen sich derzeit weiter aus. Seit 11 Uhr 30 wird die Gemeinde Bad Tarbarz evakuiert, nachdem in den Morgenstunden das Feuer die Ortsgrenzen der Gemeinde erreichte. Für die gesamte Region um den Thüringer Wald wurde Katastrophenalarm ausgelöst. Aus dem gesamten Bundesgebiet wurden Feuerwehrkräfte, Bundeswehr und Technisches Hilfswerk herangezogen. Insgesamt kämpfen dort nun den fünften Tag in Folge etwa 15 000 Helfer gegen die Flammen. Inzwischen wird die Versorgung der Einsatzkräfte mit Wasser und Treibstoff immer schwieriger, da viele Wege nur noch mit Räumungspanzern erreichbar sind. Der Krisenstab im Bundeskanzleramt hat inzwischen französische Spezialkräfte angefordert, die mit Löschflugzeugen den Einsatz der Bodenkräfte unterstützen sollen.

In Bayern konnten die Brände hingegen unter Kontrolle gebracht werden. Die rund 12 000 Einsatzkräfte bleiben bis auf Weiteres vor Ort, um ein erneutes Aufflammen der Brände zu verhindern. In der Bundeshauptstadt konnte der Brand im Berliner Tiergarten noch in der Nacht gelöscht werden. Das Schloss Bellevue und das angrenzende Bundespräsidialamt mussten vorübergehend evakuiert werden. Der Berliner Senat bittet die Bürger, weiter wachsam zu sein. Schulen und Universitäten würden bis auf Weiteres geschlossen bleiben. Berlin bleibt in den kommenden Tagen mit Temperaturen bis zu 48 Grad einer der Hitzehotspots der Republik. Das Rote Kreuz und die Berliner Spitäler kommen bei der Versorgung alter Menschen an ihre Belastungsgrenze und bitten die Bevölkerung um Mithilfe, ältere Menschen zu schützen und mit ausreichend Flüssigkeit zu versorgen. Sollten die Temperaturen nicht sinken, müsse man auch über Ausgangsbeschränkungen von Risikogruppen nachdenken, fordert der Berliner Innensenator Markus Ruby.

»Verdammte Scheiße – und der Sommer hat noch nicht mal angefangen«, sagte Thomsen und trank das Bier in einem Zug aus. »Wie hält Janne das nur in der Stadt aus? Hier auf Facebook kannst du lesen, was da droht«, sagte Thomsen und zeigte auf einen Post des Deutschen Wetterdienstes: »Hitzerekord in Berlin droht abermals überboten zu werden«.

»Sie lebt noch auf dem Hof. Nächstes Jahr wird es wieder besser, wirst schon sehen. So, und nun lass mich meine Arbeit machen.«

Robert hievte sich auf den Traktorsitz, startete den Motor und bretterte, eine Staubwolke hinter sich herziehend, vom Feld Richtung Hof. Dort angekommen, fummelte Robert sein Smartphone aus der Seitenablage. Er wippte mit dem rechten Bein auf und ab, bis der ganze Sitz vibrierte.

»Jetzt geh schon ran …«

»Hallo, Papa, alles gut bei dir?«

»Wo bist du?«

Ihr Schweigen verriet Janne. »Ich komme von der Uni …«

»Ich sehe Nachrichten, Janne. Die Unis sind geschlossen!«

»Ja, aber unsere Bewegung ist nicht geschlossen.«

»Du hattest es mir versprochen.«

»Hast du was getrunken?«

»Nicht mal das warme Bier vom Thomsen.«

»Was?«

»Egal. Ich komme morgen nach Lentzke. Ich möchte, dass du Berlin verlässt und auf den Hof fährst!«

»Ich wollte eh gerade zurück, jetzt reg dich ab. Die Berliner Regierung hat alle Demos verboten.«

Für einen Moment wusste Robert nicht, was er sagen sollte, stieg vom Traktor und holte tief Luft. »Ich will nur verhindern, dass du unter die Räder kommst«, sagte Robert. Er lief zum Haus, öffnete die Tür, ging durch den rot gefliesten Flur in die kühle Küche.

»Was soll denn passieren?«

»Ist schon gut. Sonst geht es dir gut? Trinkst du genug?«

»Oh Mann, hey! Ich muss jetzt Schluss machen, meine Bahn kommt. Ich bin übrigens nicht allein. Mareike besucht mich«, fügte Janne noch hinzu, und Robert hörte an ihrer Stimme, dass sie aufgewühlt war.

»Janne? Was ist los?«

»Irgendwelche Irren haben eine enge Kollegin von Tom fast umgebracht, nur weil sie Klimaforscherin ist. Der Planet steht bald in Flammen, und ein Haufen Idioten und Verschwörungstheoretiker hetzen …«

»Wenn man sich öffentlich so weit aus dem Fenster lehnt wie dein Onkel und seine Kollegen, muss man wohl mit so etwas rechnen. Ich meine …«

»Du bist echt ein Arschloch!«, brüllte Janne wutentbrannt und legte auf.

Robert ließ das Smartphone auf den Tisch fallen. Links stand eine halb leere Flasche Rotwein. Mit den Zähnen zog er den Korken ab, füllte das ungewaschene Glas vom Abend, trank es in einem Zug aus und trat den Stuhl vor sich mit voller Wucht gegen die Küchenzeile. Er füllte das Glas erneut und als er eben ansetzen wollte, knallte vom Flur die Tür auf, und schnell stampfende Schritte näherten sich. Ole Jöns kam in voller Feuerwehrmontur reingerannt. »Das Feld vorne bei der Umgehungsstraße steht in Flammen. Wir brauchen jeden Mann, sonst ist dein Futtersilo hin. Los, komm schon mit!«

Kapitel 8

BERLIN 10 UHR MORGENS – 39 GRAD

In heller Baumwollhose, weißer Bluse, weißer Baseballcap und Sonnenbrille eilte Janne die Invalidenstraße hinunter in Richtung Griffin. Das abgewrackte Szenelokal war Mareikes Stammkneipe geworden. Seit Tagen mied in der Hauptstadt jeder, der konnte, die offene Straße oder verschwand gleich ganz aufs Land. Die Hitzewelle hatte die Stadt, das Land, ja ganz Europa im Griff. Die Temperaturen überstiegen die historische Marke von 42,3 Grad und waren vor drei Tagen bei nie da gewesenen 45,6 Grad angekommen. Die Menschen verkrochen sich bis zum Abend in ihren Wohnungen oder arbeiteten in klimatisierten Bürogebäuden. Jegliches Leben fand nur noch in den frühen Morgenstunden oder nach 21 Uhr statt. Die Müllabfuhr wurde in zwei Schichten gefahren. Die Feuerwehren waren im Dauereinsatz, um die Parkanlagen zu bewachen und jeden Brand in der Stadt so schnell wie möglich zu ersticken.

Janne hielt Roberts dramatische Panik zwar für übertrieben, dennoch fühlte sich Berlin auch für sie von Tag zu Tag unheimlicher und unerträglicher an. Aus den Gullys drang ein bestialischer Gestank, die Spree hatte einen historischen Tiefststand erreicht. Die Nachrichten meldeten tagein, tagaus das Gleiche: Großbrände, Hitzeopfer, sinkende Fluss- und Grundwasserpegel – und das bereits Ende Mai. Dieses Jahr führte auch den Menschen mitten in

Europa plötzlich vor Augen, wie brutal der Klimawandel zuschlagen konnte. Während der letzten Jahre hatten Janne und ihre Aktivistenfreunde viel Zeit protestierend auf den Straßen verbracht, um von der Politik mehr Engagement für den Klimaschutz zu fordern. Die Pandemie hatte sie dann ins Netz gefegt, doch sobald es die Lage wieder zuließ, waren sie von Neuem dabei und organisierten Demonstrationen. Jetzt formierte man sich in den späten Abendstunden.

Als Janne die Straße überquerte, zog ein heißer Wind durch die Häuserzeile, als würde jemand einen gigantischen Föhn anschalten. Ihr verschlug es den Atem, es fühlte sich an, als wäre kein bisschen Sauerstoff mehr in der Luft. Aus einem Späti sah sie einen alten Mann gebückt mit einer Flasche Wasser herauskommen. Er schaffte es kaum, sich auf den Beinen zu halten. Sie ging auf ihn zu.

»Kann ich Ihnen helfen? Sie sollten nicht ins Freie gehen.«

Der Mann mochte um die achtzig sein, dachte Janne und sah in seine trüben Augen.

»Ich wohne gleich hier«, sagte er leise und deutete auf die Tür. Janne öffnete sie, und der Mann schlich in den kühleren Flur. Janne folgte ihm und atmete kurz durch.

»Haben Sie jemanden, der auf Sie aufpasst?«

Der Mann nickte und zog mit zittrigen Händen seinen Haustürschlüssel aus der verblassten grauen Hose. Janne nickte, wartete, bis der Mann sich in seiner Wohnung verkrochen hatte, und ging zurück auf die Straße.

Unter ihrer Cap lief der Schweiß hinunter. Sie nahm sie ab und fuhr sich mit der Hand durch die langen dunkelroten Haare. Der Kloß im Hals wurde schwerer. Diese Hitze, das war ja kaum noch erträglich. Und das sollte jetzt immer so weitergehen, nur weil verdammt noch mal die da oben ihre Hausaufgaben nicht erledigen wollten? Sie fühlte sich mal wieder hilflos und unendlich verzweifelt. Gleich würde sie wenigstens ihre Cousine treffen und freute sich auf ein kühles Getränk.

Seit einem halben Jahr sah sie Mareike regelmäßig. Nachdem sie sich jahrelang nur über Videochats ausgetauscht hatten, war die erste physische Begegnung seit ihrer Kindheit für Janne mit gemischten Gefühlen und einer Enttäuschung verbunden. Obwohl ihr Onkel wusste, dass sie Meteorologie studierte und in der Klimabewegung aktiv war, hatte er sich seit seiner Rückkehr nach Deutschland keinen Tag Zeit genommen, um seine Nichte kennenzulernen. Ihre Einladungen schlug er aus mit der Entschuldigung, dass er noch nicht einmal Zeit für seine eigene Familie hätte. Wieder und wieder vertröstete er sie. Manchmal ertappte sie sich dabei, dass die abwertenden Tiraden ihres Vaters gegenüber Tom vielleicht doch ihre Berechtigung hatten. Aber jetzt, wo die Hitze den nächsten Jahrhundertsommer ankündigte, jetzt, wo es die ersten Toten gab, wo die Dürre vielleicht Lebensmittel und Trinkwasser knapp werden ließ, wollte sie endlich mit jemandem sprechen, der Zugang zu Lösungen hatte, Zugang zu den Mächtigen der Welt. Stattdessen bekam sie nur vage Auskünfte über Mareike, die selbst im Clinch mit ihrem Vater lag, wenn auch aus gegenteiligen Gründen. Denn sie konnte die Obsession ihres Vaters mit seinem Lebensthema Klimawandel nicht mehr ertragen. Statt sich ständig mit möglichen Endzeitszenarien auseinanderzusetzen, versuchte sie, ihr Leben zu genießen. Partys mit Freunden, Lifestyle und Tinder-Affären, während ihr Freund in den fernen USA alles daransetzte, sein Studium in Berlin fortzusetzen. Immerhin träumte Mareike davon, nach dem Studium ein nachhaltiges Modelabel auf die Beine zu stellen. Vielleicht war sie mit einem Vater wie Tom auch überfordert. Jedenfalls wich sie in ihren Gesprächen beharrlich Jannes Fragen aus, ob Tom mehr wusste, als es die Wissenschaft und der Weltklimarat veröffentlichten. Und nun? Der gestrige Anschlag auf Toms Freundin Lil konnte Mareike doch nicht kaltlassen. Aber sie war am Telefon jeder Nachfrage ausgewichen. Und überhaupt war sie in letzter Zeit mehr und mehr mit sich selbst und ihrem Smartphone verbunden, um den Kontakt zu ihren Freunden in den USA zu halten. Angekommen war sie in Berlin eigentlich bis heute nicht. Auch die Zeit, in der Mareike bei der Sache war und auch noch Interesse am Klimawandel hatte, gehörte der Vergangenheit an.

Plötzlich rieselte köstliches Nass auf ihren Rücken und riss sie jäh aus ihren Gedanken. Ein Feuerwehrwagen fuhr durch die Straße und sprühte, offenbar angeordnet von der Stadtregierung, kühlendes Wasser auf die Gehsteige. Noch schienen die städtischen Brunnen das herzugeben. Janne erreichte die Bar Griffin in der Invalidenstraße. Hier tummelten sich Künstler, Schauspieler und gescheiterte Kiezexistenzen. Als Janne den Laden betrat, sah sie gerade mal zwei Leute an der Bar schwitzen. Hinter dem Tresen schwurbelte ein Ventilator die warme Luft ohne kühlende Wirkung durch den Raum.

»Hey!«

Janne drehte sich wieder zur Tür.

»Sorry, aber die Bahn ist ausgefallen«, sagte Mareike etwas atemlos. Sie hatte ihr dunkles Haar zu einem dichten Zopf zusammengebunden. Ihr Gesicht war braun gebrannt und betonte ihre blaugrünen Augen. Sie streifte ihren Rucksack ab und zupfte ihr weißes T-Shirt zurecht.

»Ich ruf uns ein Taxi«, sagte Mareike.

»Äh, der Hauptbahnhof ist gleich am Ende der Straße. Wie geht es deinem Vater? Nun sag mir schon, was ist dieser Frau genau passiert?«, bohrte Janne nach und wunderte sich, dass Mareike fast ein Lächeln im Gesicht hatte.

»Er spricht nicht gerne über seine Gefühle, aber Lil war mehr als eine Kollegin«, sagte Mareike und nahm ihren Rucksack wieder auf. »Komm, gehen wir.«

Kaum waren sie auf der Straße, schlug ihnen die Hitze ins Gesicht, und Staub verklebte die Augen. Drei Krankenwagen mit Sirenen rasten an ihnen vorbei. Aus der anderen Richtung fuhr eine Kolonne Polizeiwagen Richtung Hauptbahnhof. Janne blickte kurz in das Gesicht eines Beamten in voller Einsatzmontur, der sich Wasser über den Kopf goss.

»Die armen Schweine«, sagte Mareike.

»Was genau meinst du mit ›mehr als eine Kollegin‹?«

»O Gott, nein – obwohl, was weiß ich schon? Du weißt ja, wie es um die Ehe meiner Eltern steht, aber nein. Sie war Teil einer Gruppe, die mein Vater nur selten erwähnte, aber ausgerechnet vor ein paar Tagen habe ich ihn unabsichtlich belauscht, und es war die Rede von einem rettenden Programm und dass jetzt der Punkt erreicht sei, wo die Regierungen folgen würden.«

»Geht’s etwas klarer?«

»Das kannst du ihn selbst fragen!«

»Wie, ich kriege endlich eine Audienz?«

»Ne, die sind nur für mich. Scherz … Er kommt uns besuchen, falls er Wort hält«, sagte Mareike und hob die Hand und senkte den Daumen hoch und runter.

»Puh, darauf habe ich lange gewartet und jetzt habe ich fast Angst davor«, sagte Janne.

»Wieso das denn?«

»Ich habe so viele Fragen.«

»Das wird ihm gefallen.«

»Scheiße!«

»Was?«

»Ich habe vergessen, dass Robert morgen kommt. Das geht nicht, ich … Sag Tom, dass wir das verschieben müssen.«

Mareike schwieg, zog eine Wasserflasche aus dem Rucksack und trank. Dann sagte sie: »Tu mir einen Gefallen. Lass uns die Tage draußen genießen. Ich möchte mal über andere Dinge sprechen, okay? Ich kann das Thema nicht mehr hören.«

Zwei junge Typen kreuzten ihren Weg und starrten Mareike an, die das sichtlich genoss.

»Wenn Tom da einfach aufkreuzt, wird Robert mir vorhalten, dass ich das mit Absicht eingefädelt habe«, sagte Janne.

»Hör zu. Ich verbringe Zeit mit dir, weil ich dich mag. Scheiß auf biologische Verwandtschaft. Lass es einfach passieren, und wenn sie uns auf die Nerven gehen, verschwinden wir. Ich bin nicht die Nanny für meinen oder deinen Vater. Was ist eigentlich mit deinem Freund, kommt er auch auf den Hof?«

Janne zog die Schulter hoch und schwieg.

Sie näherten sich dem Hauptbahnhof und sahen eine große Menschenansammlung umgeben von Dutzenden Polizeiwagen, Wasserwerfern, Feuerwehr und Krankenwagen. Ein Wasserwerfer spülte ein Dutzend Menschen von der Straße, andere schrien »Haut ab!« oder »Wir sind das Volk«, andere machten sich über die Polizei lustig und liefen fast unbekleidet auf die Wasserwerfer zu. Einige Reporter hatten sich weitab der Szenerie postiert und wurden von Polizisten umringt. Erst kurz bevor sie den vorderen Eingang erreichten, sah Janne, was das für Demonstranten waren.

»Das darf doch nicht wahr sein, Querdenker!«, sagte Janne und zog Mareike am T-Shirt.

»Komm, wir müssen auf die andere Seite, da geh ich nicht durch.«

»Was hast du? Wir haben damit nichts zu tun«, sagte Mareike und hob die Arme hoch, als sie der Sprühnebel eines Wasserwerfers erreichte. Plötzlich rannten ein paar Leute an ihnen vorbei. Einer hielt ein Schild unter dem Arm: »Wissenschaft tötet!«

Ein sichtlich angetrunkener Mann torkelte auf Mareike zu. »Hey, Kleine, was schaust du so?«

Als er sich Mareike weiter näherte, zog sie ein kleines Fläschchen aus dem Rucksack und sprühte dem Mann mitten ins Gesicht. Der schrie auf und versuchte blind auf Mareike einzuschlagen.

»Bist du verrückt geworden? Los, weg hier«, schrie Janne und zog Mareike hinter sich her, bis sie zu einem Haufen Polizisten gelangten. Die öffneten den Ring zum Bahnhof und ließen beide hinter die Linie laufen.

»Puuh, was hast du dir dabei gedacht?«

»Komm, lass gut sein. Ich bin damit aufgewachsen, dass man mich bedroht. Was glaubst du, was ich mit so einem Vater schon mitgemacht habe. Meine halbe Kindheit war wie ein Gefängnis, und ich lass mir nichts mehr gefallen. Wissenschaft tötet? Deren Dummheit tötet!«, raunte Mareike.

Janne konnte sich ein Grinsen nicht verkneifen. »Du bist durchgeknallter, als ich dachte. Verschwinden wir.«

Auf Gleis 3 sollte längst der Zug Richtung Fehrbellin stehen. Janne hatte noch nie so viele Menschen auf diesen Regionalzug warten sehen. Sie schaute auf die Hinweistafel und wunderte sich, dass dort nichts stand. Das Geschrei der Demonstranten war noch bis ins unterste Geschoss zu hören. Endlich rollte der Zug ein. Mareike drängelte sich durch die Massen, stieg ein und besetzte zwei Fensterplätze.

»Macht dir das alles eigentlich überhaupt keine Angst?«, fragte Janne.

»Im Moment? Wie ich schon sagte. Ich bin damit aufgewachsen. Hast du mal darüber nachgedacht, was die Kriegsgeneration jeden Tag denken und fühlen musste? Die haben auch dazwischen versucht, einfach nur zu leben und auf andere Gedanken zu kommen«, sagte Mareike und zwinkerte Janne zu.

Aber ein Krieg geht immerhin irgendwann zu Ende, dachte Janne und schaute schweigend in die vorbeiziehende Landschaft.

In Fehrbellin angekommen, suchte Janne auf dem Parkplatz den weißen Jeep Cherokee, den ihr Vater vor einem Jahr zu einem Spottpreis gekauft und für sie hergerichtet hatte, ein spritfressendes Geschenk, das Janne bei ihren Freunden immer wieder in Erklärungsnot brachte. Aber anders war Lentzke kaum zu erreichen.

»Komm, wir können gleich noch im Rhinkanal schwimmen, ich brauch echt eine Abkühlung«, sagte Janne.

Nach zehn Minuten erreichten sie das kleine typisch brandenburgische Straßendorf ohne richtigen Ortskern. Niemand war unterwegs. Die Veranda zum Hofeingang war fast vollständig von verdorrten Kletterpflanzen bewachsen und verdeckte die Stellen, an denen der Putz vom Gemäuer gebröselt war. Direkt über dem Eingang war ein Loch im Dachstuhl mit einer Plane notdürftig abgesichert. Als Janne die Tür öffnete, kam ihnen der typische Geruch eines modrigen Fundaments entgegen, und sie fragte sich einen Moment lang, was Mareike wohl von diesem abgewrackten Haus halten würde. Sie ging zügig durch den Flur und schloss die Türen zu Küche, Bad und Wohnzimmer. Seit Jahren hatte ihr Vater eine Renovierung des Hauses versprochen, dessen ostdeutsches Interieur irgendwie in den Fünfzigerjahren zu verorten war. Bisher hatte sich Janne nur ihr eigenes Zimmer und ein weiteres Schlafzimmer hergerichtet. Sie öffnete die Tür und atmete in ihrem kleinen Refugium aus. Die Wände hatte sie passend zum dunklen Holzmobiliar in einem warmen Gelb gestrichen. Ein großer Futon stand mit Blick auf die von dichten Bäumen beschattete Terrasse, an der längeren Wand reihten sich ein restaurierter Bauernschrank, ein Schreibtisch und ein gut geordnetes Bücherbord, das Uni-Skripte und Romane beherbergte. Auf dem Schreibtisch stand ein Laptop, eine Tasse, dahinter ein Bild von Jannes Mutter. Gegenüber eine kleine Sitzecke mit Blick auf den Innenhof, mit einem rundem Messingtisch und gemütlichen Kissen.

Janne öffnete den Bauernschrank und holte zwei Handtücher heraus.

»Ich habe keine Badesachen mit«, wandte Mareike ein.

»Du genierst dich? Das ist ja ein ganz neuer Zug von dir. Hier guckt dir keiner was ab, also komm«, lachte Janne und sah in große Augen.

Sie gingen durch den Hinterausgang über den Innenhof, vorbei an den alten Schuppen und Ställen, durch eine Maschinenhalle, durchquerten einen verwilderten Garten und erreichten eine offene ausgedorrte Wiese.

»Was stinkt hier so?«

»Puh, du hast recht«, sagte Janne und ging weiter. Ihre Angst wurde nur ein paar Schritte weiter zur Gewissheit. Mareike schrie spitz auf und hielt sich die Nase zu.

Janne stand regungslos da und blickte auf das Desaster. Wo sonst der Tümpel war, blickte man auf einen verwesenden Haufen von Fischen in einer trockenen Grube. »Vor einer Woche war der noch halb voll. O Gott, ich hab vergessen, die automatische Pumpe wieder anzuschalten«, stöhnte sie und holte ihr Smartphone aus der Tasche. Doch noch bevor sie die Nummer ihres Vaters wählen konnte, poppte ihr Messenger auf. »Shit. In Berlin wurde eine Ausgangssperre verhängt.«

Kapitel 9

Tom ging schnellen Schrittes durch die Gangway in die Aula des Berliner Ankunftsterminals. Zuletzt hatte er einen so verwaisten Flughafen nach Ausbruch der Pandemie gesehen. Gunnar würde gleich in Genf ankommen und alle Daten für die Pressekonferenz aufbereiten, auf der sie die Konsequenzen verschiedener Methoden des Geoengineering beschreiben würden. Im Prinzip war Tom seit Jahren auf diesen Tag vorbereitet. Gunnar war das nicht, sein frischer Einblick in den wesentlichen Teil des Phönix-Programms hatte ihm ganz schön die Sprache verschlagen. Wie auch immer. Der Saal im Haus der Bundespressekonferenz war reserviert. Dolmetscher und private Kamerateams würden das Event live im Netz zeigen, und weltweit würden alle relevanten Player der Wissenschaftscommunity in den sozialen Medien auf diese Konferenz aufmerksam machen. Alles musste jetzt schnell gehen, denn dieser aus dem Ruder gelaufene Sommer könnte sich im Bewusstsein der Menschen buchstäblich einbrennen und die Chance erhöhen, dass sie Maßnahmen mittrügen, die bisher noch außerhalb ihres Vorstellungsvermögens lagen. Aber klar war auch, dass man den Menschen nicht nur trockene Fakten und ausgelutschte Ideologien offerieren konnte. Im Zweifel entschieden die sich nämlich viel lieber für die Illusion als für noch so faktengestützte Belehrungen. Tom schaute auf die Anzeigentafel. Fast alle Flüge wurden gerade gestrichen, bestenfalls was schon im Anflug war, konnte noch landen. Noch war nicht klar, wie lange die Ausgangssperre dauern sollte. Was wäre, wenn die internationale Presse deswegen gar nicht mehr anreisen könnte? Da war sie wieder, diese innere Schwere, die Tom seit Monaten immer häufiger lähmte. Immer öfter ertappte er sich dabei, dass er einfach in den Rechner oder aus dem Fenster starrte und seinen Gedanken nachhing. Die Pandemie hatte der arglosen Gesellschaft vielleicht das erste Mal wieder eine Ahnung davon vermittelt, wie die Normalität vergangener Jahrhunderte ausgesehen hatte. Diese Tradition von Kriegen, Siechtum, Armut und Unterdrückung – hatte all das die Menschen so schicksalsergeben gemacht, dass der Klimawandel nur als eine weitere Station in der großen Abfolge unausweichlicher Katastrophen hingenommen wurde? Warum wollten sie nicht begreifen, dass dies die letzte Katastrophe sein würde? Der Schlag gegen Lil hätte Tom aus seiner Lethargie holen müssen. Hatte er ihr nicht noch vor einem Jahr erklärt, er werde kämpfen, kämpfen, kämpfen, denn resignieren sei keine Option – und jetzt raubte gerade ihr Schicksal ihm die letzten verbliebenen Kräfte. Was haben wir aus der Pandemie gelernt? Werden wir überhaupt jemals wieder Hoffnung spüren? Oder würde uns die Resignation zermalmen, ganz so, wie es gerade die Pandemie getan hattet? Würde es jemals ein Zurück zur Normalität geben? Der Flug war ihm wie eine Ewigkeit vorgekommen. Es hatte ihn zermürbt, nichts Greifbares über die Hintergründe von Lils Schicksal in Erfahrung bringen zu können. Tom senkte den Kopf und verließ das Terminal. Die Luft stank nach Abgasen und stand wie flimmerndes Gelee über dem Asphalt. Tom sah nur ein einziges Taxi.

Noch einmal versuchte er, Huber in New York zu erreichen. Wieder nahm nur seine Sekretärin ab.

»Hören Sie, ich will Huber sprechen. Was? Ah, okay. Ja, er soll zurückrufen, es ist dringend«, raunte Tom und sah in das schweißüberströmte Gesicht des Taxifahrers. Der schüttelte nur den Kopf.

»Ich kann Sie nicht fahren, meine Klimaanlage ist kaputtgegangen.«

Tom sah sich um, erst jetzt fiel ihm auf, dass kaum noch Menschen auf der Straße waren. Keine Busse, kaum Autos. Plötzlich zuckte er zusammen.

»Sagen Sie mal, was ist hier los?«

Eine Kolonne von Krankenwagen fuhr vorüber. Die Antwort des Fahrers ging im Lärm der Martinshörner unter.

»Was haben Sie gesagt?«, brüllte Tom.

»Die Stadt hat den Katastrophenfall ausgerufen. Alte Leute fallen um wie die Karnickel, und das Wasser wird knapp«, sagte der Mann mit knallrotem Kopf. »Na gut, kommen Sie, wo soll es denn hingehen?«

»Nach Potsdam. Telegrafenberg«, sagte Tom. Als er sich eben in den Wagen setzen wollte, rollten zwei weiße SUVs heran. Aus dem vorderen Wagen stiegen zwei Männer. Ihre schwarzen Hosen und kurzärmligen weißen Hemden mit einem Zeichen auf der rechten Seite kamen ihm bekannt vor.

»Herr Beyer. Wir sind angewiesen worden, Sie sicher nach Potsdam zu geleiten«, sagte der längere der beiden.

»Wer hat das veranlasst?«

»Der Direktor des Instituts«, sagte er, und für einen Moment erhellte der Hauch eines Lächelns seine Züge.

»Na gut, wenn der das veranlasst hat, werde ich keinen Widerstand leisten«, sagte Tom und schickte ein mentales Dankeschön an seine umsichtige Sekretärin.

»Die gute Frau Fölz denkt auch an alles. Gut, fahren wir«, sagte Tom und hievte sich in einen der Wagen. Er öffnete seinen Laptop und atmete tief durch. Normalerweise hasste er Klimaanlagen, aber heute fühlte es sich köstlich an. Die Straßen waren merkwürdig verwaist. Noch gestern hatte er geglaubt, dass es nicht so schlimm werden würde, und nun überschlugen sich die Nachrichten aus Europa. Besonders in den deutschen Medien folgte eine

Katastrophenmeldung auf die nächste. Daneben bedrückten ihn die Sorgen um Lil.

Ein paar Mails weiter sah er eine Anfrage des Bundeskanzleramtes. Seine Gedanken schweiften ab, der Magen schmerzte. Wieder sah er Lils Gesicht vor sich, dieses *Warum?*, das Gefühl, mitverantwortlich zu sein, weil er sie vor zehn Jahren in das Team geholt hatte.

Das Smartphone vibrierte. Lisa.

»Hey, du!«

»Ich bekomme keinen Flug nach Berlin. Was ist da los, Tom? Die Nachrichten sprechen vom Katastrophenfall. Was mache ich jetzt? Und wo ist Mareike?«

»Wo soll ich anfangen?«

»Was?«

»Ich weiß gerade nicht, wo ich anfangen soll. Okay, der Reihe nach. Mareike ist bei ihrer Cousine auf dem Land. Ich komme gerade aus Island zurück und bin sicher auf dem Weg ins Institut. Versuch, einen Flug nach Hamburg zu buchen, und ich lasse dich dort abholen«, sagte Tom. Er spürte einen unangenehmen Druck in der Brust und öffnete seinen Hemdkragen.

»Hol Mareike da raus und komm her, das ist doch das Beste im Moment. Du kannst deine Arbeit auch von hier machen«, forderte Lisa.

»Ich kann es dir eh nicht ersparen …«, stotterte Tom. Seine Augen brannten, er sah von hinten auf den Fahrer und seinen Begleiter, rieb sich mit der rechten Hand über das Gesicht und senkte den Kopf.

»Ich kenne diese Stimmlage. Was ist passiert?«

»Eine Kollegin von mir wurde bei einem Attentat schwer verletzt, aber ich weiß noch nichts Genaues.« Sosehr sich Tom um Fassung bemühte, er spürte trotzdem, dass ihm Tränen über die Wangen rollten. Er atmete tief ein und aus und blickte wieder auf den Fahrer. Dessen Blick war weiter nur auf die Straße gerichtet.

»Ich kann jetzt nicht einfach nach Boston kommen, es steht zu viel auf dem Spiel. Ich muss mit den Kollegen dafür sorgen, dass …«

»Ich weiß langsam nicht mehr, was ich tun soll. Ist es das am Ende wert, dass du und alles um uns herum nicht mehr funktioniert? Du bist …«

»Ich ruf dich morgen an. Ich muss jetzt Schluss machen. Okay?« Tom spürte förmlich, wie seine Frau am anderen Ende der Leitung in sich zusammensank.

»Schon gut, Tom, melde dich einfach«, sagte Lisa. Tom hatte kein Rezept, wie er Lisas seit Wochen wachsende Frustration handhaben sollte.

»Aber pass auf meine Tochter auf«, appellierte Lisa und legte auf.

Tom legte das Smartphone beiseite, aber prompt klingelte es schon wieder. Er schaute auf die unbekannte Nummer und machte unwillkürlich eine Ausnahme.

»Beyer!«

»Herr Beyer, mein Name ist Joachim Schmidt von GreenLogik Investment. Ich wollte mich für den plumpen Versuch unseres jungen Mitarbeiters entschuldigen, Sie zu einer Diskussion einzuladen. Ich schicke Ihnen gleich ein Paper mit den wirklichen Ambitionen der Gastgeber und hoffe, dass ich vielleicht dann auf Sie zählen kann«, sagte der Mann.

»Hören Sie, ich habe dafür einfach keine Zeit«, wiegelte Tom ab und verdrehte die Augen. »Ich bin als Wissenschaftler verpflichtet, mich jedem Einfluss von Lobbyisten zu verweigern.«

»Diese Leute wollen einfach nur helfen, Herr Beyer, ganz ohne Bedingungen. Der Einzige, der daran bescheiden verdient, bin ich, wenn ich Sie hierher bekomme«, warf der Mann ein.

Tom sah wieder Lil vor sich, als er ihr in New York bei ihrer letzten gemeinsamen Konferenz versicherte, dass er die nötigen Forschungsgelder besorgen würde – notfalls auch von seinen Feinden.

»Gut, wann wäre das?«, fragte Tom.

»Wann passt es Ihnen?«

Tom öffnete den Kalender an seinem Laptop. »Eigentlich gar nicht – aber gut, morgen, 16 Uhr«, sagte Tom energisch und hoffte insgeheim, dass dieser Termin für die viel beschäftigten Manager zu kurzfristig wäre.

»Vielen Dank, Herr Beyer, ich organisiere das!«

»Was muss ich vorbereiten?«, fragte Tom.

»Ich glaube, für Sie wird keine Vorbereitung nötig sein«, sagte der Mann mit betont freundlicher Stimme. Für einen Moment wurde Tom stutzig. Für seine Honorare gab es immer etwas vorzubereiten. Irgendwie stimmte hier etwas nicht, und dieses Bauchgefühl wurde von Sekunde zu Sekunde stärker.

»Gut, dann sehen wir uns am Dienstag«, sagte Tom und ergänzte: »Setzen Sie nicht zu hohe Erwartungen in meine Kooperationsbereitschaft.«

»Nur ein erster Austausch …« Tom unterbrach die Verbindung und blickte auf den Home-Bildschirm mit Mareikes Bild. Er biss sich auf die Unterlippe. Diesmal musste er sein Wort halten, das Risiko eingehen und der Welt gegen jeden Widerstand das Phönix-Programm vorstellen. »Das bin ich dir schuldig, Lil! …«

Kapitel 10

NORDFRIESLAND – 39 GRAD

Robert stand unter der Dusche, den Kopf gesenkt, mit den Händen stützte er sich an der Wand ab. Sein Schädel brummte. Aber die Kälte beruhigte. Aus Nase und Ohren tropften graue Rinnsale ins Becken. Er schnäuzte sich laut, hustete den Schleim aus den verrußten Bronchien. Dann schloss er den Wasserhahn und griff mit geschlossenen Augen nach dem Handtuch. In der Küche klingelte sein Smartphone. Aus dem Wohnzimmer hörte er Bruchstücke der 20-Uhr-Nachrichten. Drei freiwillige Feuerwehren und ein Dutzend Landwirte hatte es gebraucht, um den Brand nach Stunden unter Kontrolle zu bringen. Zum Glück war Roberts Futtersilo unversehrt. Aber die Löscharbeiten in dieser Hitze waren kaum auszuhalten. Mörderisch. Wie sollte dieser verdammte Sommer weitergehen?

Robert wickelte sich das Handtuch um die Leiste, ging langsam in die Küche. Das Klingeln hatte aufgehört, aber auf dem Display leuchtete noch Jannes Name. Robert registrierte das mit Freude. Je älter Janne geworden war, desto seltener rief sie von sich aus an. Er schaute in den Spiegel und sah in sein zerfurchtes Gesicht.

Mit einem »Du bist ein Arschloch« hatte noch nie ein Gespräch zwischen beiden geendet. Robert senkte den Kopf und setzte sich auf den Küchentisch, nahm die Flasche Rotwein, sah sie an und stellte sie wieder hin. Erst wollte er den Fernseher abschalten. Barfüßig tapste er ins Wohnzimmer, wo gerade noch die Wetterkarte auf dem Bildschirm zu sehen war. Was! Wolken und Regen?

Er schaltete um, und auf einem Privatsender wurde er fündig. Aber schnell wurde er wieder ernüchtert: Zu erwarten waren nur einzelne, kleine Gewitter in der Nacht, die örtlich als Unwetter erscheinen würden, aber bereits am nächsten Tag würden schon wieder die 40 Grad überschritten. Immerhin, wenigstens etwas, dachte Robert. Irgendwann würde sich das alles wieder einrenken. Erst gestern hatte er im Netz von einer Gruppe Experten vernommen, dass es doch schon immer Klimaschwankungen gab. Eiszeiten kühlten den Planeten ab, dann schmolz das Eis, und es wurde wieder wärmer. Ganz ohne unser Zutun. Die Menschen waren viel zu klein, um diesen riesigen Planeten aufzuheizen, bestenfalls würden sie einen kleinen Teil zu einem Naturphänomen dazutun, das niemand beeinflussen konnte. Aber seine Tochter glaubte, in allem und jedem, was Menschen tun, die Verantwortung für den Klimawandel gefunden zu haben. Er wählte Jannes Nummer.

»Hey, du … Das letztens …«

»Vergessen wir das«, unterbrach Robert. »Wie geht es dir da unten?«

»Na ja, es geht, aber ich hab Scheiße gebaut. Ich hatte einen Stromausfall und hab vergessen, die Pumpe für den zweiten Teich wieder anzuschalten«, sagte Janne leise. Robert konnte sich ein hektisches Lachen nicht verkneifen, das ihn selbst verwunderte. Die Besetzfische hatte Robert für 2000 Euro im letzten Herbst eingesetzt, die Filteranlagen und alle anderen Utensilien schlugen finanziell auch noch zu Buche – und schon war die erste Zucht dahin.

»Ist noch was über?«

»Nein und es stinkt bestialisch!«

»Okay, mach dir keinen Kopf, das ist meine Schuld. Ich kann nicht an zwei Orten gleichseitig sein. Ich komme morgen rauf, und dann regeln wir das«, sagte Robert, und der Gedanke, den Hof aufzugeben, kam ihm nicht das erste Mal.

»Wann kommst du?«

»Am Abend, ist doch wohl okay, oder?«

Das lange Schweigen verunsicherte Robert.

»Ist eine Gelegenheit für mich, deine Cousine kennenzulernen. Ich bleibe nur eine Nacht.«

»Ähm – Tom kommt vielleicht auch. Papa? Hey, bist du noch da?«

»Ja, na gut, irgendwann musste das ja passieren, aber ich warne euch, ich will keine Debatten, und wenn ich mit ihm was zu besprechen habe, dann haltet ihr euch da raus«, grollte Robert und schüttelte den Kopf.

»Warte einen Moment! Mareike, was hast du gesagt?«, schrie Janne.

Vom Nachbarraum hörte Robert durch den Hörer die erleichternde Nachricht.

»Oh Mann, Papa hat schon wieder abgesagt, er muss nach Frankfurt und meldet sich wieder. Das gibt's doch nicht! Verdammte Scheiße, ich hasse ihn!«

»Äh, ich vermute, das hast du gehört«, sagte Janne traurig zu ihrem Vater.

»Er hat sich nicht verändert. Noch nie war er da, wo andere ihn brauchten, und das wird auch so bleiben, Janne. Also dann bis morgen«, sagte Robert und atmete tief aus.

»Ja, ist gut«, sagte Janne noch leiser und hatte die Verbindung beendet.

Robert stand auf, ging zurück in die Küche, öffnete den Wein, trank ein Glas in einem Zug aus, ging in Richtung Wohnzimmer und blickte auf die am Boden liegende Post am Eingang. Er hob die Werbung und drei Briefe auf. Telefon- und Tierfutterrechnung und die Deutsche Bank. Letztere zerriss Robert und schwor sich, dass er es nicht zulassen würde, dass sein Bruder weiter seine Tochter radikalisierte.

Kapitel 11

POTSDAM – 36 GRAD

Es war gerade 6 Uhr, als Tom in seiner Wohnung in Potsdam aufwachte. Einen Moment starrte er auf das unberührte Kissen und die glatt gestrichene Decke neben sich. Er stand auf, ging in die Küche, startete die Kaffeemaschine, atmete einmal tief aus, ging ins Bad. Er wunderte sich, dass er trotz einer schlaflosen Nacht ungewöhnlich frisch aussah, putzte sich die Zähne und verzichtete auf Rasur und Dusche.

Das Taxi würde in einer halben Stunde vor der Tür stehen. Anstatt wie üblich zu hetzen, setzte sich Tom an den Küchentisch, trank seinen Kaffee und blinzelte vom Smartphone in die tief stehende Morgensonne. Langsam trottete er ins Schlafzimmer, zog eine Jeans und ein weißes Hemd an, überlegte kurz, ob er den Termin in Frankfurt einfach absagen sollte. Die bleierne Traurigkeit zermürbte. Seit dem Vorfall mit Lil schlugen die Zweifel an seiner Arbeit mit einer Wucht zu, die er so noch nie empfunden hatte. Wäre Lil an seiner Stelle, sie würde die Gelegenheit sicher dazu nutzen, den Herren die Leviten zu lesen, sodass keiner jemals mehr im Traum daran denken würde, lobbygetriebenen Einfluss auf die Wissenschaftler zu nehmen. Am Abend hatte Tom entdeckt, was sich hinter dem wohlklingenden Namen *GreenLogik Investment* verbarg. Der Fonds hatte in der Vergangenheit genau jene Medienhäuser finanziert, die jahrzehntelang gegen den Klimawandel gewettert hatten. Auch wenn das Fondsmanagement momentan davon abgerückt war, spürte Tom, dass er aufpassen müsste, dass man ihn nicht mit diesen Leuten in Verbindung bringen konnte. Mit solch einem Treffen könnte er leicht unter Druck gesetzt werden, als wäre er korrumpierbar. Ein Weg, um dem vorzubeugen, war, kein Honorar in Rechnung zu stellen und nicht einmal ein Essen, bestenfalls einen Kaffee anzunehmen.

Das Smartphone riss Tom schreckartig aus den Gedanken. Ron Huber – um Mitternacht?

»Ron, verdammt, wo warst du die ganze Zeit? Ich habe auf deinen Anruf gewartet. Ich habe dir den Link zu einem Video geschickt, und das wird …«

»Tom! Warte. Lil ist auf dem Weg der Besserung, sie wurde vor ihrer Haustür zusammengeschlagen. Vergiss jetzt bitte unsere Differenzen. Es tut mir unendlich leid, und wir unterstützen das FBI, wo wir nur können.«

Tom spürte am Klang seiner Stimme, dass ihm jedes Wort schwer über die Lippen kam.

»Was wisst ihr? Wie konnten die Aufnahmen bei unseren Sicherheitsauflagen überhaupt ins Netz gelangen?«

»Es war einer der seltenen öffentlichen Vorträge vor einem Publikum aus Laien und Wissenschaftlern anderer Fachbereiche«, sagte Huber.

»Ja schön, aber die müssen sich doch alle registrieren?«

»Ich weiß nicht, was schiefgelaufen ist. Das FBI wertet gerade alle Kameras aus«, sagte Huber. »Ich hätte Lil da nicht reingehen lassen dürfen.«

»Schon okay, Ron, du bist nicht verantwortlich dafür, hör auf damit. Wir werden alle ständig angegriffen, und du weißt, wem wir das zu verdanken haben. War nur eine Frage der Zeit, bis die Hetze ihre Wirkung zeigt, verdammt noch mal.«

»Davor wollte ich euch immer schützen, Tom. Deswegen war ich so streng mit euch.«

Für den Moment war Tom einfach sprachlos und sah durch das Fenster, wie das Taxi in die Einfahrt bog.

»Ich bin kommende Woche in Berlin und kann einen Abstecher zu dir machen. Ich muss mit dir über weitaus mehr sprechen, aber inoffiziell. In Ordnung?«, fragte Ron mit auffällig nachdenklicher Stimme.

Tom nickte, als würde Ron ihm gegenübersitzen, voller Verwunderung, was gerade geschah. Würde Huber ihn etwa wieder unterstützen?

»Tom, ist das in Ordnung?«

»Was? Ja, ja selbstverständlich, sorry, ich bin auf dem Weg zum Bahnhof. Also gut, dann erwarte ich dich im Institut.«

»Nein, besser, ich sage dir, wo wir uns treffen, Tom. Meine Sekretärin meldet sich noch dazu. Und pass auf dich auf, Tom, ich fürchte, dass uns bald das Schlimmste bevorsteht«, sagte Huber und legte auf.

Kapitel 12

Der Weg zum Hauptbahnhof vermittelte ein komplett anderes Gefühl als bei Toms Ankunft am Tag zuvor. Die Temperaturen waren mit 29 Grad am frühen Morgen auszuhalten, und bevor die Mittagssonne das Leben wieder unerträglich machen würde, huschten die Menschen durch die Straßen und versorgten sich mit dem Nötigsten. Als er den Zug am Berliner Hauptbahnhof bestieg, griff er sich im Bordrestaurant die Tageszeitungen. Neben dem Bericht, dass die Binnenschifffahrt auf Rhein, Elbe und Weser eingestellt wurde, fiel ihm sofort ein anderer Bericht auf. Er folgte der Schlagzeile hastig auf Seite 13. Der Feuerökologe Nils Winter warnte vor der kommenden Waldbrandsaison und davor, dass der deutsche Katastrophenschutz nicht auf Großbrände wie im Süden Europas vorbereitet wäre. Selbst in Italien dachte man Anfang des vergangenen Jahres, die Wetterlage sei günstig und man sei gut vorbereitet. Dann aber entstanden allein Juli mehr als 240 Brände. In so einem Fall reichten selbst die gut ausgestatteten und sehr erfahrenen Löschflugzeugstaffeln des Landes nicht aus, um die Lage schnell in den Griff zu bekommen. Und da der Süden auch in diesem Jahr wieder der Hotspot wäre, bereiten sich Feuerwehrkräfte und das Technische Hilfswerk aus dem ganzen Bundesgebiet darauf vor, sich zügig mit Einsatzfahrzeugen nach Griechenland zu begeben, um dort die Waldbrandbekämpfung zu unterstützen. Dies könnte schon bald zu einer gefährlichen Schieflage führen. Sollte sich die derzeitige Groß- wetterlage in Deutschland nicht verändern, wäre das Land ohne Löschflugzeuge und ausreichende Einsatzkräfte, die ohnehin nur mangelhaft ausgerüstet waren, großflächigen Bränden schutzlos ausgeliefert. Der Feuerökologe forderte eine aktive Umgestaltung der Landschaft zur Prävention von Bränden, insbesondere für den ostdeutschen Raum, mehr eigenverantwortliches Engage- ment von Land- und Hausbesitzern sowie Konzepte, die Ostsee für das Wassermanagement der Waldgebiete im Osten Deutsch- lands mit einzubeziehen.

Tja, jetzt doktern wir an den Symptomen herum, dachte Tom. Er zollte dem Spezialisten Respekt, aber Anpassung alleine und mehr Löschflugzeuge würden das Problem nicht lösen.

Am Frankfurter Bahnhof herrschte rege Betriebsamkeit. Den- noch atmete Tom durch. Kein Vergleich zu den Unruhen und Temperaturen in Berlin und Potsdam. Er bestieg das Taxi und ei- nige Minuten später stand er vor dem Hilton Hotel in der Hoch- straße. Er schaute sich kurz um, betrat die Lobby und blickte auf die Glaskonstruktion.

»Herr Beyer?«

Tom drehte sich um und sah einen adretten Hotelpagen mit seinem Namensschild.

»Darf ich Sie zu Ihren Gastgebern begleiten?«

»Oh, das ist freundlich, gerne.«

Sie fuhren in den ersten Stock. Anstatt in einem Saal fand Tom sich plötzlich in einer großen Suite wieder. Der Wohnbereich war in gedeckten Tönen gehalten. In der Mitte prangten zwei große Ledersofas. Auf den kleinen Tischen standen Kaffee, Gebäck und Säfte. Drei Herren in Anzügen, die bestenfalls mithilfe der Klima- anlage erträglich sein konnten, blickten auf. Einer mit Glatze, ei- ner mit kurzen, grauen Haaren und Nickelbrille und einer mit Vollbart.

Bevor der erste das Wort ergreifen konnte, kam von links ein groß gewachsener älterer Mann auf Tom zu und streckte ihm die Hand entgegen.

»Ich begrüße Sie, Herr Beyer, Jürgen Schmidt von GreenLogik Investment.« Er wies auf einen einzelnen Ledersessel an der gegenüberliegenden Seite des Tisches.

»Aber nun setzen Sie sich erst mal. Hatten Sie eine gute Fahrt?«

»Ja, der Zug ist nicht stehen geblieben, und die Klimaanlage hat auch gehalten«, versuchte Tom sein Unbehagen zu überspielen.

»Sie waren lange in den USA«, sagte der Glatzköpfige mit einem starken amerikanischen Akzent.

Tom nickte nur.

»Gut, wir wollen ihre kostbare Zeit nicht lange strapazieren«, sagte Schmidt. »Sie kennen sich ja bestens mit der Verpressungstechnologie aus. Wie viel Tonnen CO_2 kann man bei einem weltweiten Einsatz dieser Technologie aus der Atmosphäre holen und welche Investitionen wären dafür notwendig, um echte Fortschritte zu machen?«

Tom konnte nicht fassen, was er da gerade beantworten sollte, ermahnte sich aber innerlich zur Geduld.

»Ohne eine radikale Reduktion der Emissionen ist das notwendige Klimaziel unter keinen Umständen zu erreichen. Und bei der CO_2-Lagerung in tieferen Gesteinsschichten machen uns ausgerechnet die Naturschützer einen Strich durch die Rechnung. In Deutschland haben wir im brandenburgischen Ketzin versucht, nur ein einziges Projekt umzusetzen, und sind schon hier an Protesten gescheitert. Ich muss Ihnen – und alle meine Kollegen weltweit werden mir zustimmen – die Illusion nehmen, wir könnten ein grünes, auf Wachstum basiertes Wirtschaftssystem aufbauen, falls das immer noch Ihre Philosophie ist«, führte Tom bewusst ruhig, aber mit klarer Stimme aus. »Die Verpressungstechnologie kann und wird nur ein kleiner Baustein im Management der Katastrophe sein. Um nur ein Prozent der bisherigen Jahresemissionen zu filtern, bräuchten wir 750 000 Schiffscontainer voll Filtertechnik.«

Der Herr mit der Nickelbrille fummelte nervös an seinen Manschettenknöpfen, griff dann zu einer Broschüre und legte sie auf den Tisch.

Tom erkannte sie, er hatte sie erst vor Kurzem zusammen mit seinem Team und Lil veröffentlicht. Das gesamte Programm zum Climate Engineering umfasste ein ganzes Bündel an Methoden, darunter das Ausbringen reflektierender Aerosole in die höheren Luftschichten, künstliche Wolkenbildung, Düngung der Meere, um mehr CO_2 speichern zu können, Methoden der CO_2-Verpressung wie in Island, dazu Aufforstung sowie andere teils hoch riskante Maßnahmen, die ethisch umstritten waren und deren Einsatz noch Jahre zu erforschen wäre.

Der Mann sah ihn durch seine Nickelbrille an, nickte und tippte auf die Broschüre.

»Außerdem steht zu befürchten, dass wir bei diesen politischen Strukturen viel zu lange brauchen, um die Frage zu klären, ob wir so massiv in die Stoffkreisläufe des Planeten eingreifen dürfen.« Die Nickelbrille verschwand von der Nase, und graue Augen starrten Tom an.

Die Aussage verwunderte Tom. »Wir sind vielmehr dazu verpflichtet«, betonte er.

»Aber ja, natürlich«, kommentierte die Nickelbrille etwas hämisch. »Diese Fragen debattieren wir, wie Sie sich denken können, seit Jahren.«

Alle Herren tauschten sorgenvolle Blicke aus. Der Gastgeber, der sich als Jürgen Schmidt vorgestellt hatte, runzelte die Stirn:

»Herr Beyer, kennen Sie den Bericht der US-amerikanischen Geheimdienste, der kurz vor dem Klimagipfel in Glasgow veröffentlicht wurde?«

Tom verstand für den Moment nicht, worauf Schmidt hinauswollte, lehnte sich zurück und verschränkte seine Arme.

»Nicht im Detail, aber es entbehrt doch nicht einer gewissen Logik, dass der Klimawandel schon in den kommenden Jahren so eskaliert, dass es zu geopolitischen Spannungen kommen wird und zu unfassbaren Migrationswellen. Das zu prognostizieren bedarf kaum einer hohen Kompetenz, oder?«, provozierte Tom.

Schmidt räusperte sich und richtete seinen Blick in die Runde. »Nun, der Streit eskaliert bereits, Herr Beyer, das ist mir auch klar. Wer soll für die Schäden aufkommen? Der Wettkampf um Ressourcen und Technologien zur Bekämpfung des Klimawandels, die Konflikte um Wasser und Migration, die wachsende Instabilität infolge von Nahrungsmittel- und Energieknappheit – davon dürften in erster Linie zuerst die Entwicklungsländer betroffen sein.«

Tom schüttelte es innerlich und er dachte an Janne und ihre Klagen über den Zustand von Toms Betrieb und die letzten Dürren direkt hier in Deutschland.

Schmidt stand auf, ging zur Fensterfront und schaute in Richtung der Finanztürme Frankfurts.

»Unsere Branche wird in den kommenden drei Jahrzehnten den Übergang zur Klimaneutralität mit 100 Billionen Dollar unterstützen, durch Finanzierung der richtigen Projekte und Unternehmen. Der Klimawandel hat oberste Priorität bei den Entscheidungen der Finanzbranche, Herr Beyer. Jede finanzielle Entscheidung muss den Klimaaspekt mitberücksichtigen«, führte Schmidt mit herrischer Pose aus. »In Großbritannien müssen börsennotierte Unternehmen künftig detaillierte Ziele vorlegen, wie sie den Ausstoß von Treibhausgasen reduzieren wollen. Als Kreditgeber, Investoren oder Versicherer ist es in unserem eigenen Interesse, die Risiken des Klimawandels, des Verlusts von Biodiversität oder der Wasserknappheit zu begrenzen. Aber Sie gehen sicher davon aus, dass das nicht reichen wird, nicht wahr?«

Tom stand auf, ihm wurde unwohl, und er ging im Raum umher. 100 Billionen Dollar – das war schwindelerregend.

»Wir werden schon bald aufgrund der anhaltenden Dürren auch in Europa in große Schwierigkeiten geraten«, unterstrich Tom, nahm sich ein Glas Orangensaft vom Tisch, trank es hastig aus und ging zum Fenster mit Blick auf die beeindruckende Skyline des Bankenviertels. »Vor ein paar Jahren habe ich noch gesagt, dass mit jedem Jahr, in dem wir nicht handeln, die Notwendigkeit radikaler Schritte für die Rettung der Menschheit vor sich selbst immer größer werden wird. Und nun ist es so weit, aber wir haben keine Technologien, die uns schnell genug helfen werden.«

Schmidt nickte. Tom fragte sich, was er hier tat. Er hatte vor dem Antritt seiner Reise spekuliert, dass man ihm Beteiligungen für sein Projekt in Island anbieten wolle, um die Verpressungstechnologie schneller effizienter zu machen und selbst daran zu verdienen. Aber das hier nahm eine völlig andere Richtung.

»Hören Sie«, warf Schmidt ein. »Wir stehen der ganzen Entwicklung mit großer Sorge gegenüber, und nicht alle Investoren sind blind. Es gibt übrigens mindestens ein Unternehmen, das die wichtigste Kurve der Welt schon in den Achtzigerjahren vorhergesehen hat. Exxon selbst hat, bevor der Weltklimarat überhaupt existierte, den Temperaturanstieg bis zum Jahr 2020 nahezu aufs Zehntelgrad genau vorausgesagt. Die Skrupellosigkeit, so eine relevante Information jahrzehntelang zu verschweigen, besitzt keiner der hier Anwesenden. Aber das, was uns jetzt droht, wird uns vor nie da gewesene moralische Fragen stellen.«

»Moralische Fragen? Haben Sie die in Ihren Hedgefonds auch im Angebot?« Langsam reichte es Tom. Während der Glatzkopf den Kopf schüttelte, ließ die Bemerkung alle anderen kalt.

»Herr Beyer, lassen Sie es mich so ausdrücken«, sagte Schmidt und faltete seine Hände. »Ehrlich gesagt habe ich meine Zweifel, dass wir diese Menschheitskrise noch in den Griff bekommen, besser gesagt frage ich mich schon länger, ob wir überhaupt noch eine Zukunft gestalten können. Sagen wir mal so: Wir sind weitaus besser als manche Regierung informiert und bereit, den Tatsachen ins Auge zu sehen. Und wir brauchen Experten, denen wir vertrauen können.«

»Wie darf ich das verstehen?«

»Ach, wissen Sie. Einflussreiche Manager wie ich oder andere hochrangige Branchenkollegen könnten sich natürlich auch zurückziehen. Meine größte – und nicht nur meine – Sorge ist ehrlich gesagt, wo man vor den drohenden Verschärfungen dieser Krise noch sicher ist«, deutete Schmidt an. Wie aus der Pistole geschossen fragte der Glatzkopf, was Tom von Neuseeland hielt? Schwer zu erreichen und alles andere als überbevölkert. Er habe gehört, dass sich der Klimawandel dort weniger schwer auswirken würde als in anderen Zonen der Welt. Fast hätte Tom sich verschluckt, hielt kurz inne, damit der Reiz in der Kehle verging, und würgte seine Wut hinunter.

»Und wie wollen Sie Ihre Wachen bezahlen, wenn Geld keinen Wert mehr hat und der Mob Ihren Bunker auf der Suche nach Schutz und Nahrung stürmen will? Mit einem Futterautomaten? Der einmal am Tag aufgeht? Und Nahrungsmittel unter der Erde zu produzieren? Ähm … das wird kaum zu lösen sein. Und wie viele Generationen, glauben Sie, müssen dann in dem Bunker ausharren? Ich meine, ist das Ihr Ernst?«

An Schmidts versteinerten Gesichtsausdruck wurde Tom klar, dass diese Herren tatsächlich ernsthaft mit dem Gedanken spielten, sich vor dem Niedergang isolieren zu können. Die glaubten doch tatsächlich, sie könnten sich mit Technologie retten. Die menschliche Evolution auf ein Spiel reduzieren, das der gewinnt, der sich mit seinem Reichtum den besten Fluchtweg einkaufen kann. Tom schaute diskret auf seinem Smartphone nach einer Bahnverbindung nach Lentzke. Janne und Mareike zu sehen wäre um Welten besser, als noch mehr Zeit mit diesen absurden Herren zu verschwenden.

»Wenn Sie einen ernst zu nehmenden Rat von mir haben wollen: Verschwenden Sie Ihre Gedanken nicht an Flucht! Es gibt keinen Platz auf der Erde, wo Sie es sich auf Dauer gemütlich machen können. Ändern Sie Ihre Geschäftspraktiken, Ihre Lieferantennetzwerke, werden Sie nachhaltig und verteilen Sie Ihr Vermögen, dann haben wir eine Chance, die Katastrophe zu managen. Sie können sich nicht isolieren, es sei denn, Sie bekommen einen Platz in einer Rakete zum Mond.«

»Was verbirgt sich eigentlich hinter dem Phönix-Programm, Herr Beyer?«, fragte der Glatzkopf.

Also hatte Tom doch recht. War es Huber oder sogar Lil irgendwo herausgerutscht – oder hatte gar der Geheimdienst seine Finger im Spiel? Tom überraschte es selbst, dass er so ruhig blieb. Fast war er erleichtert, dass diese Last ewiger Geheimhaltung plötzlich von ihm genommen war. Nur war jetzt auch klar, dass sie nicht mehr viel Zeit hatten. Sie mussten die Öffentlichkeit über das Phönix-Programm informieren, noch bevor eine Kampagne gegen sie in Stellung gebracht werden konnte. Tom räusperte sich.

»Meine Herren, ich hatte etwas anderes erwartet. Ach, und wo bauen Sie Ihren Bunker noch, wenn ich fragen darf? In Neuseeland, richtig? Da, wo die Bevölkerung gerade gegen die Reichen aufsteht, die sich dort Grundstücke sichern?«

Schmidts Gesichtszüge froren ein. Keiner antwortete.

»Wie dem auch sei. Wissen Sie, ich bin froh darüber, dass es zum Glück viele Menschen gibt, die ihre Menschlichkeit nicht einfach wie eine Reisebuchung stornieren. Sie vertreten in Ihren Investitionen ja auch Konzerne, die Konsumenten nur noch als Datenprofile verstehen, richtig? Nun, wir können stattdessen als mündige Menschen durchs Leben gehen, im Gegensatz zu all denen, denen es nur darum geht, als Einzelner profan überleben zu wollen. Menschsein ist Teamsport. In der Pandemie hat die Mehrheit Solidarität bewiesen und sich impfen lassen. Wie auch immer Menschen zukünftig auf dieser Erde überleben wollen, sie werden es gemeinsam tun müssen«, sagte Tom ruhig. Dann stand er auf und ging zur Tür.

Schmidts Gesicht verfinsterte sich. »Was ist, wenn wir Ihnen anbieten, die Investitionskontrolle über 100 Billionen Dollar zu übernehmen, anstatt das Ende der Moderne, wie wir sie kennen und lieben, zu verlangen? Der Hass, der Wissenschaftlern nicht erst seit der Pandemie und dem Klimawandel entgegenschlägt, ist uns nur zu gut bekannt. Etwas Vergleichbares schlug uns entgegen, als unsere gesamte Branche für die Finanzkrise verantwortlich war. Herr Beyer, Sie sollten sich überlegen, wo Sie wirklich etwas bewegen können.«

Tom öffnete die Tür, schüttelte den Kopf und schaute mit einem milden Lächeln noch einmal in die Runde. Der Glatzkopf hatte einen Ausdruck im Gesicht, als würde er Tom am liebsten umbringen.

»Ich habe es geahnt. Es gibt einen Unterschied. Für den Klimawandel tragen alle mehr oder weniger Verantwortung, und während Sie Fluchtpläne schmieden, habe ich ganz andere, meine Herren, und das werden Sie schon noch zu spüren bekommen! Rufen Sie mich nie wieder an.«

Bevor Tom die Tür schloss, sah er das hämische Lachen des Glatzkopfs.

Kapitel 13

LENTZKE – 31,5 GRAD

Mareike kam mit verschlafenem Gesicht in die Küche und schaute sich etwas mürrisch um.

»Ich weiß, es sieht hier fürchterlich aus, und du bist etwas anderes gewohnt, aber ich hab nicht die Zeit und das Geld, hier groß was zu ändern«, sagte Janne und fühlte doch etwas Scham. Was eigentlich ein Prachtstück hatte werden sollen, war zu einem Albtraum geworden. Der ausgetretene Holzboden hatte die Farbe der verdorrten Felder angenommen, die Küchenzeile erinnerte an eine Sperrmüllsammlung, der Tisch, grob zusammengezimmert, wackelte, und in den Regalen hatten sich Unmengen an Geschirr angesammelt, kein Stück glich dem anderen. Vor dem Fenster stand eine alte mobile Gasheizung für den Winter. Wie für so vieles hatte Robert im Alltag keine Kraft mehr, das »Projekt«, wie er es immer nannte, anzugehen. Die letzten zwei Jahre hatte Janne neben der Uni gekellnert. Das reichte für die Sanierung ihres Zimmers und eines Gästezimmers, der Rest wurde widerwillig genutzt. Mareike setzte sich, schaute auf die Kaffeekanne, nahm einen Becher, musterte ihn und schenkte sich ein.

»Ich hatte nicht viel davon.«

»Was?«

»Nur weil ich wohlhabend aufgewachsen bin, heißt das nicht, dass ich nicht auch andere Zustände kenne. Alles in Ordnung, Janne. Aber euer Haus in Friesland, das ist doch echt schön. Gott, da waren wir echt noch Kinder, und du hattest so viele Sommersprossen, dass ich dich …«

»Streuselkuchen hast du mich genannt«, lachte Janne laut auf.

»Ja, der Streuselkuchen«, sagte Mareike und schaute durch das marode Fenster hinaus.

Janne erinnerte sich kaum an Toms letzten Besuch. Mareike hatte seinen erbitterten Streit mit Robert nicht mitbekommen, Janne erfuhr es auch erst von Siggi, und das war's dann. Danach hatten sich die Mädchen erst wieder über Facebook gefunden. Eine Rabenfamilie, dachte Janne.

»Bin gespannt auf Robert, kommt er wirklich?«

Janne zuckte mit der Schulter. »Kommt drauf an, wie viel er gesoffen hat.«

»Hast du es ihm eigentlich schon einmal direkt ins Gesicht gesagt?«

Janne sah Mareike ein paar Sekunden schweigend an, bis ihre Augen anfingen zu brennen. Wie sagt man seinem eigenen Vater, dass er ein kaputter Alkoholiker ist? Wie erklärt man jemandem, dass sein Lebensstil die Familie oder das, was davon übrig geblieben ist, belastet? Wie bringt man überhaupt jemanden dazu, sein selbstzerstörerisches Verhalten zu verändern?

»Versetz dich mal in seine Lage. Er hat fast alles verloren, was ihm lieb war. Sicher hab ich ihm das mit dem Trinken gesagt, aber vielleicht wäre dein Vater besser dazu in der Lage, ihm zu helfen«, sagte Janne und nippte an ihrer Tasse.

»Wie kommst du denn darauf?«

Wenn Janne Roberts Leben in aller Kürze zusammenfassen müsste, dann endete es mit Siggis Tod. Es war von chronischen Existenzängsten begleitet und dem Gefühl, es nicht geschafft zu haben, seine Frau zu retten, und nicht zu den Gewinnern dieser Gesellschaft zu gehören. Robert taumelte durchs Leben, aber leben, das ging anders.

»Er hat das Gefühl, dass Tom ihn mit dem Hof hängen gelassen hat. Und dann nicht einmal zum Begräbnis der eigenen Eltern zu erscheinen, so etwas ist schon heftig«, sagte Janne und sah, wie Mareike die Stirn runzelte.

»Ich weiß, aber das war halt seine Entscheidung. Das müssen die unter sich klären, und so wie ich Tom kenne, wird er Robert erst helfen, wenn er wirklich einen Entzug macht. Wie du weißt, will mein Vater ja die ganze Welt auf Entzug setzen«, frotzelte Mareike, fischte ihr Smartphone aus ihrer Strickjacke und tippte hektisch in die Tastatur, während Janne eben noch darüber erschrak, was ihre Cousine gerade gesagt hatte.

»Was denkst du eigentlich wirklich über Tom? Und warum ist er aus dem Weltklimarat ausgetreten?«

»Du, ich kümmere mich nicht mehr darum, was er tut«, erwiderte Mareike. »Ich weiß nur, dass er dort immer mehr unter Druck stand. Er vertritt ja die Position jener Wissenschaftler, die wirklich tiefschwarz sehen, und das ist er eigentlich, seit ich denken kann – ein Schwarzmaler. Einfach mühsam!« Sie richtete den Blick wieder auf ihr Smartphone.

Janne atmete tief ein. Sie hatte von Tom einen völlig anderen Eindruck. Er malte zwar in seinen Auftritten und Publikationen ein düsteres, warnendes Bild, aber versuchte dabei immer auch Mut zu machen. Sie dachte an den gestrigen Abend, als Mareike wieder von ihrem Freund aus Boston schwärmte – einem Bodybuilder, gut aussehend, mit über 100 000 Followern auf Instagram. Davon, wie sehr sie ihn vermissen würde und dass sie es kaum erwarten konnte, dass er endlich auch nach Berlin käme. Und dann hatte sie Janne stolz ihre eigene Facebook-Business-Seite gezeigt, mit ihren ersten Versuchen, sich in der Modebranche zu etablieren. Jannes Cousine war die Tochter eines der wichtigsten Klimaforscher der Erde und doch vor allem anderen nur mit sich beschäftigt! Sie betrachtete Mareikes anmutige Bewegungen, sah ihr gepflegtes Haar, die manikürten Fingernägel und die makellose braun gebrannte Haut. Janne musste an ihren Ex, Tobias, denken. Vermutlich würde auch er sich in Zukunft mehr mit seinem Studium beschäftigen und darauf vertrauen, dass die Politik es schon richten würde. Eigentlich hatten sie schon ganz andere Pläne geschmiedet. Tobias studierte Land- und Forstwirtschaft, kannte sich aus, wie man Land besonders in nördlichen Gebieten nachhaltig bewirtschaftete, und wenn Robert Janne immer wieder in den Ohren lag, dass er nicht wisse, wie es nach seinem Tod mit der Landwirtschaft und dem Familienhof im heimischen Friesland weitergehen sollte, beflügelte Tobias ihre Fantasie, dass sie doch gemeinsam den Hof weiterführen könnten.

»Schon mal daran gedacht, dass dein Vater genau weiß, was er da tut? Daran, dass es für ihn auch nicht leicht ist, dieses ganze Wissen in sich zu tragen und einen Klimagipfel nach dem anderen scheitern zu sehen?«

Mareike hob ihren Blick vom Smartphone und starrte Janne einen Augenblick fassungslos an.

»Und was hat das ihm und uns gebracht?«

Das war nicht mehr die Mareike, die Janne zu kennen glaubte. Sich über soziale Medien auszutauschen und dort zu verstehen, war offenbar dann doch etwas anderes, als sich real zu konfrontieren. Plötzlich spürte sie zum ersten Mal so etwas wie Groll gegen ihre Cousine.

Draußen quietschte die Haustür. Ein paar Sekunden später stand Robert auf der Schwelle, verschwitzt, blass, mit einem zaghaften Lächeln und einem großen Topf in den Händen. Er sah Mareike an, als würde er sie nicht erkennen, trat einen Schritt vor, stellte den Topf auf den Gasherd. Nahm sich einen Stuhl und setzte sich. Mareike schaute erschrocken und peinlich berührt. Als sie Robert das letzte Mal gesehen hatte, war er noch fit, nicht einfach nur jünger. Janne bemerkte das Unwohlsein ihrer Cousine. Was dachte sie sich gerade, fragte sich Janne und knabberte an ihren Fingernägeln.

»Hallo, Mareike. Das letzte Mal warst du ein kleines Mädchen und jetzt – schwups – sitzt eine erwachsene Frau vor mir«, sagte Robert mit klarer Stimme.

»Ja, ist lange her«, stammelte Mareike, und ihr Blick hellte sich etwas auf. Robert war nüchtern. Das ließ sie Mut fassen. »Tja, und diese erwachsene Frau würde zu gerne einmal wissen, was genau damals zwischen dir und meinem Vater passiert ist, dass ihr euch hasst wie die Pest?«

Janne schlug das Herz bis in die Kehle, denn Robert war der Letzte, den man einfach so mit Dingen konfrontieren konnte.

Doch Robert blieb ungewohnt cool und lächelte. »Wenn dein Vater auch nur den Funken Interesse für seine Familie gehabt hätte, wären wir nicht so eine zerrissene Bande. Aber das soll euch Mädels nicht weiter belasten«, sagte Robert. »Jetzt sind wir hier zusammen, und er nicht. Punkt. Ich hab euch ein Kartoffelgulasch gekocht, habt ihr Hunger?«

Mareike nickte, und ihr leises Okay beruhigte Janne. Hätte sie nachgehakt, hätte Robert sicher wieder die ganze Chose heruntergebetet und davon geredet wie unzuverlässig Tom war. Mareike hatte ihr eine andere Version erzählt. Dass nicht Tom es war, der in seiner Jugend eine riesige Belastung für seine Eltern darstellte, sondern umgekehrt Robert. Robert blendete aus, dass schon die Eltern Alkoholiker waren, nur mit sich und ihren Sorgen beschäftigt. Dass Tom vor der Perspektivlosigkeit im Dorf nach Hamburg geflüchtet war, um zur Schule zu kommen. Dass er mit siebzehn Jahren, während seines ersten Winters dort, in bitterer Kälte in einer Bauwagensiedlung wohnen musste und sich kaum Schuhe leisten konnte. Später war er durch seine Freunde aus der Hausbesetzerszene auf Fragen sozialer Gerechtigkeit gestoßen. Das hatte ihn politisiert. Die Mutter verweigerte ihm das Geld, wenn er nicht am Wochenende nach Hause kam, aber diese Erpressungsversuche machten es zwischen Tom und den Eltern nur schlimmer. Doch Tom hatte Glück. In Hamburg geriet er an die richtigen

Leute und konnte sich schnell die Schule selbst verdienen. Als er früh eine Spanierin heiraten wollte, beging seine Mutter ihren nächsten Fehler, als sie ihm die dafür notwendige Geburtsurkunde verweigerte. Stück für Stück hatte Tom sich innerlich von seiner biologischen Familie entfernt und Abschied genommen. Auch wenn die ersten Hamburger Jahre wirklich hart waren, hätte ihm damals nichts Besseres passieren können, um früh auf eigenen Beinen zu stehen. Und genau das wünschte Tom sich jetzt von seiner Tochter. Irgendwie machte Mareike das auf ihre Art und Weise auch, dachte Janne.

»Also wie geht es denn unserem Weltenretter?«, fragte Robert, während er den Herd anzündete und Teller, Löffel und Gläser verteilte. Dann ging er hinaus und kam mit einem Rucksack wieder herein, aus dem er eine Flasche Rotwein herauszog. Jannes genervter Blick entging ihm nicht, und er kommentierte:

»Der ist für alle da!«

»Er resigniert!«, beantwortete Mareike Roberts Frage.

Robert sah aus, als würde er sich zwingen, nicht zu lachen, während er das Kartoffelgulasch verteilte.

»Findest du das witzig?«, fragte Janne beißend, griff sich die Weinflasche, füllte ihr Glas und trank es in einem Zug aus.

»Natürlich resigniert er. Da wird ganz hoch oben versucht, ein Problem zu lösen, das wir weder verursacht haben noch mal eben so lösen können. Ich meine – mal ganz ehrlich –, da geht es doch vor allem darum, neue Geschäfte zu machen. Die Erde hatte noch nie so viel Grün wie jetzt. Sonnenzyklen und andere Faktoren, die wir nicht beeinflussen können, haben immer schon zu extremem Wetter geführt, und die Menschen haben noch immer überlebt.«

Janne genoss Roberts giftigen Blick, als sie abermals nach der Rotweinflasche griff.

»Woher hast du bloß immer diesen Blödsinn? Ich meine, wie oft soll ich es dir denn noch erklären?«, sagte Janne gereizt und goss sich das Glas wieder voll.

»Es gibt schon noch andere Quellen als diese Mainstreammedien«, trotzte Robert. »Und es hat nicht lange gedauert, bis die mich mehr überzeugt haben. Die Anons sind nicht alles nur Spinner. Unter ihnen sind renommierte Wissenschaftler.«

»Mann, Robert«, fuhr Janne ihn an. »Das kann doch wohl nicht sein, dass du als Landwirt, der seit Jahren unter den Dürren leidet, dir diesen Schwachsinn anschaust und dann auch noch glaubst! Den Schlimmsten von diesen Hetzern haben sie längst plattgemacht.«

»Von wem redest du?

»Alex Jones, er ist der gefährlichste Vertreter der rechten Fake-News-Szene.«

»Natürlich machen die den platt. Das ist das System. Ich halt mich da raus, aber denke mir meinen Teil, das darf ich ja wohl noch. Reicht ja, wenn nur die Hälfte stimmt«, polterte Robert mit vollem Mund weiter.

Ihr Vater log. Wie so oft log er sich seine Welt zusammen, aber mit welchem Ziel?

Mareike grinste und stand auf: »Na toll, eine Klimaaktivistin, ein Klimaleugner und ein weltweit anerkannter Klimaforscher, das kann ja noch heiter werden. Sorry, aber ich zieh mich für heute zurück. Ich bin das Thema echt leid und ich habe noch einen Call mit meinem Freund.«

»Hey, ist schon okay, lass uns das Thema wechseln«, sagte Robert und bat Janne mit einem Wink um die Flasche.

»Nein, alles gut. Ich brauch nur eine Pause. Das geht ja später fröhlich weiter, anstatt dass ihr mal eure persönliche Scheiße aufräumt.«

»Wie bitte, ich dachte, er hat abgesagt?«

Mareike fingerte ihr Smartphone aus der Tasche und öffnete eine Message. »Er sitzt im Zug hierher. Er muss dringend mit uns sprechen.«

»Heroische Ankündigung, ich kenne meinen Bruder.«

»Nein, das macht er nur, wenn echt was passiert ist.« Den Mittelfinger hebend, ging Mareike zur Tür. »Für mich hieß das früher, dass wir mehr Sicherheitspersonal bekamen und er oft monatelang nur noch unterwegs war. Kann ich dein Auto haben, Janne, ich hol ihn vom Bahnhof ab.«

Janne nickte, und Mareike verließ das Haus. Allein mit ihrem Vater, betrachtete Janne diesen grübelnd. Vielleicht brauchte es wirklich erst Tom, um das alles in Roberts Dickschädel zu bekommen.

»Übrigens kannst du dich mal fragen, was wäre, wenn du recht hast – was du definitiv nicht hast –, und die Erde erhitzte sich im rasenden Tempo mal eben so ganz von allein. Sollten wir deswegen die Hände in den Schoß legen und nichts tun?«

»Ist schon gut, Janne. Ihr könnt mir später noch helfen. Ich habe Farben und jede Menge Baumaterial mitgebracht. Es wird Zeit, dass wir den Laden hier in den Griff bekommen. Kommende Woche kommen zwei Dachdecker und ein Heizungsbauer«, sagte Robert kleinlaut.

»Ach, auf einmal?«

Plötzlich knallte die Tür auf, und Mareike stand blass mit bebenden Lippen vor ihnen. »Toms Zug ist entgleist!«

Mareike zitterte, ihr Smartphone fiel zu Boden, sie kniete nieder, hob es hoch und starrte Janne noch am Boden kauernd an. »Er hebt nicht ab!«

Janne blickte auf die Vitrine neben dem Kücheneingang und die Autoschlüssel. »Woher weißt du, dass er genau in dem Zug saß?«, fragte sie, während sie hastig in ihr Gerät tippte, alle möglichen Verbindungen prüfte und über Google den Ort der Unglücksstelle suchte. »Wann hat er dir die eine Nachricht geschrieben?«

»Um halb sechs!«

Mareike vergrub ihr Gesicht in den Händen. Janne schaute auf Robert, der schweigend am Tisch saß und ebenfalls mit seinem

Smartphone beschäftigt war. Plötzlich hob er den rechten Zeigefinger.

»Hey, Mädels, beruhigt euch. Es wird nichts von Toten oder Schwerverletzten berichtet.« Robert stand auf, kniete sich neben Mareike, strich ihr über den Kopf und atmete tief ein und aus. »Hey, er versucht sicher auf eigene Faust hierherzukommen.«

Janne konnte sich nicht erinnern, wann ihr Vater ihr das letzte Mal so nahegekommen war.

»Robert, wie würdest du dich fühlen, wenn ich in dem Zug wäre und nicht abheben würde?«, raunte Janne. Und dann mit Energie in der Stimme: »Also, es ist der RB55 von Berlin-Spandau. Der Zug ist bei einem Golfplatz in Wall entgleist. Das ist mit dem Auto eine gute halbe Stunde von hier. Los, kommt schon!«

Bevor Janne die Schlüssel aus der Vitrine greifen konnte, machte Robert einen Satz und stellte sich davor. »Du bist angetrunken!«

Janne hob ihren rechten Zeigefinger an die Stirn. »Ist das jetzt dein Ernst?«

Robert verzog den Mund und schaute Janne mit erhobenen Brauen an. Offensichtlich wollte er einen väterlichen Eindruck bei Mareike hinterlassen. Was war bloß in ihn gefahren? Auch diese überraschende Ankündigung, das Haus zu renovieren. Woher hatte er überhaupt plötzlich das Geld?

Janne zuckte mit den Schultern und ließ sich zurück auf den Stuhl fallen. »Okay, dann fahrt ihr, und ich warte hier.«

Kapitel 14

Tom griff sich an den Hinterkopf und öffnete die Augen. Die Schreie waren verstummt, er nahm leises Gestöhne und aufgeregte Stimmen wahr. Es dauerte etwas, bis er begriff, dass er auf dem Boden lag. Noch mal tastete er seinen Hinterkopf ab. Der Schmerz verging nur langsam. Beine, beweglich, leichte Schmerzen an der rechten Seite. Zwischen dem kräftigen Ruck, der durch den Zug ging, dem Kreischen der Fahrgäste, dem Krachen von Gläsern und Flaschen und dem Schlag auf seinen Kopf war nur ein Wimpernschlag vergangen. Langsam richtete er sich auf und setzte sich zurück in den Sessel. Atmete kurz durch. Der Blick aus dem Fenster zeigte ein Feld mit verdorrtem Gras. Hinter ihm fragte jemand: »Sind wir entgleist?«

Tom drehte sich um und blickte die junge Frau an. Sie war kreidebleich, auf den ersten Blick aber unverletzt.

»Ehrlich gesagt weiß ich es nicht«, sagte Tom, stand auf und schaute aus dem Fenster. Während die hinteren Waggons noch auf der Schiene standen, war ihr Wagen zusammen mit denen weiter vorne tatsächlich aus den Schienen gesprungen.

»Glück gehabt«, sagte eine männliche Stimme, hinter Tom und ergänzte, dass der Zug an diesem Streckenteil seit Wochen das Tempo reduziert hatte. Jetzt wisse er auch, warum. Wutentbrannt verließ der aufgebrachte Mann den Waggon.

»Und mit Ihnen? Alles okay?«, fragte Tom.

Die junge Frau nickte. Tom stand auf und schaute sich um. Laut fragte er, ob noch jemand verletzt sei. Schweigen. Als Tom sich sortierte, merkte er, dass sein Laptop und sein Telefon beim Aufprall verloren gegangen waren. Dann kam der Schaffner und fragte das Gleiche. Tom erklärte, dass er hart mit dem Kopf aufgeprallt sei und ihm eine Gehirnerschütterung ziemlich sicher wäre. »Wann kommen die Rettungskräfte?«

Der Mann sah ihn ratlos an. »Wir haben in Brandenburg Dutzende Waldbrände, was weiß ich denn?« Tom nickte und begann seine Siebensachen zu suchen. Am Ende des Waggons entdeckte er seinen Laptop mit zersprungenem Bildschirm und verbogenem Gehäuse. Von seinem Smartphone keine Spur. Wie durch eine Nebelwand hörte er Martinshörner. Tom fand zumindest seine Tasche, hob sie auf und ging zum Ausgang. Langsam stieg er aus. Zahlreiche Fahrgäste hatten den Zug verlassen, standen ziellos herum, saßen mit Platzwunden auf dem Feld oder irrten in Richtung Straße. Tom sah sich um. Immerhin war kein Waggon umgekippt. Während immer mehr Rettungskräfte eintrafen, ging Tom am Zug entlang ein Stück zurück und sah, dass die Gleise deutlich sichtbar verbogen waren. Er erinnerte sich, dass er vor Jahren gelesen hatte, dass sich in Kalifornien Gleise unter der chronischen Hitze derart verformt hatten, dass ein Frachtzug entgleist war. Ein paar Meter weiter sah er den Schaffner und ging auf ihn zu.

»Hören Sie. Wissen Sie, wie weit ich von Neuruppin oder – wie hieß das – ähm, Lentzke entfernt bin?«

»Lentzke kenne ich nicht, Neuruppin so dreißig, vierzig Kilometer. Wir schaffen gerade Fahrzeuge ran, um die Leute wegzuschaffen. Ich besorge Ihnen einen Platz, wenn Sie hier warten. Sind Sie sicher, dass Sie keinen Arzt brauchen? Sie schauen nicht gut aus.«

»Wenn ich einen brauche, sag ich Bescheid«, sagte Tom, nickte, griff sich in den Nacken und sah sich um. Er ging noch mal auf seinen Waggon zu. Nicht nur sein Kopf dröhnte, er konnte sich auch an Mareikes Telefonnummer nicht erinnern. Irgendwo musste doch sein Smartphone zu finden sein. Als er den Waggon betrat, begann dieser bedrohlich zu wanken.

»Halt, betreten verboten, oder wollen Sie, dass dieser Waggon wegen Ihnen umkippt?« Der Feuerwehrmann mit hellem Flaum um das Kinn wirkte viel zu jung für seine Aufgabe.

Tom beschloss, ihn einfach zu ignorieren. Ja, kurz wackelte etwas, aber sein bisschen Körpergewicht hatte den aus den Schienen geworfenen Waggon nicht aus der Balance gebracht, und ohne sein Smartphone war er verloren. Den Blick am Boden und mit den Armen von Sitz zu Sitz hangelnd, tastete er sich vorsichtig durch die Reihen. An der tiefsten Ecke fand er es schließlich, halb bedeckt von ausgelaufenen Kaffee-to-go-Bechern und zerfledderten Magazinen. Er angelte es aus dem Schmutz und hangelte sich vorsichtig zurück nach draußen. Glück gehabt, das Phone war klebrig, aber das Display funktionierte. Eine Nachricht von Ron Huber und Dutzende Anrufe in Abwesenheit. Hastig öffnete er sie.

»Das FBI hat den Täter! Ein ehemaliger Mitarbeiter eines Sicherheitsunternehmens aus dem Silicon Valley und bekennender Unterstützer Trumps! Ruf mich dringend an.«

Tom schaute auf die Uhr, nahm seine Reisetasche und trottete in Richtung Feldrand, wo die Rettungsfahrzeuge an der Straße aufgereiht waren. Die hektisch blinkenden Blaulichter verstärkten seine Kopfschmerzen.

»Ron, hier ist Tom!«

»Was ist das für ein Lärm um dich herum? Alles in Ordnung?«

Tom setzte sich in ein Bushaltestellenhäuschen, bewegte langsam seinen Kopf hin und her, rieb mit der rechten Hand seinen Nacken.

»Ja, ich glaube schon. Was wissen wir noch über diesen Irren?«

»Er war im Silicon Valley als Personenschützer für hohe Tiere tätig. Nachdem er seinen Job wegen Alkoholmissbrauchs verloren hatte, soll er sich laut FBI zusehends radikalisiert haben. Dass es ausgerechnet Lil erwischt hat, scheint nur ein dummer Zufall gewesen zu sein.«

»Zufall? Das glaub ich ehrlich gesagt kaum. Aber wie geht es Lil?«

»Sie ist bei Bewusstsein, soll aber noch Ruhe haben. Ich denke, du kannst es morgen versuchen.« Ron räusperte sich. »Tom, wir haben gestern eine Umfrage bekommen, mit deren Ergebnis ich so nicht gerechnet habe. Von den 233 Autoren des IPCC haben erschreckend viele ihre Zweifel bekundet, dass die Regierungen ihre politischen Versprechen einhalten werden. Es steht zu befürchten, dass wir die drei Grad Temperaturanstieg deutlich überschreiten werden.«

Tom wunderte sich über Rons Ton, fast melancholisch, leise.

»Was willst du ausgerechnet von mir dazu hören? Du kennst meinen Standpunkt, und nichts anderes hat Lil von sich gegeben. Diese Stimmungslage sollte dir doch längst bewusst sein«, sagte Tom und atmete langsam aus. Der Kopfschmerz ließ endlich etwas nach. Einen Moment hatte er überlegt, ob er Ron sagen sollte, in welch misslicher Lage er sich gerade befand.

»Wir müssen vorsichtig sein, wie wir über die Ergebnisse der Wissenschaft berichten, über Kipppunkte, über den Kollaps der Biosphäre oder, ja, am Ende über das Verschwinden der Menschheit. Wir lösen damit besonders unter den jungen Menschen große Ängste aus und erreichen so gar nichts«, sagte Ron nun mit überzeugender Stimmlage.

Für Tom unterstrich der Pessimismus seiner Kollegen nur, wie sehr Hoffnungen und Erwartungen mit jedem Klimagipfel weiter auseinanderklafften. Um die Reduktionsziele umzusetzen, brauchte es eine nie da gewesene politische Mobilisierung und keine weitere diplomatische Beschönigung.

»Anpassung Ron, nur darum geht es noch. Schon mal darüber nachgedacht, dass wir einfach streiken?«

Das lange Schweigen am anderen Ende verriet Tom, dass Ron ihn verstanden hatte. Immer wenn Ron Huber bei einer provokanten Frage erst einmal schwieg, folgte entweder ein Wutanfall, eine Belehrung oder ein konstruktiver Gegenvorschlag.

»Was hast du vor, Tom?«

»Ich werde dafür sorgen, dass meine Tochter weiß, was wirklich auf sie zukommt. Wir halten morgen in Berlin die Pressekonferenz, wo wir Phönix vorstellen.«

Ron schwieg, nur ein weiteres Räuspern war zu hören.

»Ich war vor einer Woche in meiner Geburtsstadt Blackpool. Ist fast dreißig Jahre her, dass ich von dort weg bin.« Rons Stimme wurde stockend. »Vielleicht werde sogar ich noch miterleben, dass meine Heimatstadt untergeht – denn das wird sie früher oder später. Ich würde dort eigentlich gerne noch etwas Zeit verbringen, so wie mein Vorgänger, der sich in die Natur zurückgezogen hat.«

Tom erinnerte sich an seinen letzten Besuch in seiner Heimat. Wenn man einen Ort lange Zeit nicht mehr besucht hat, den man sehr genau kannte, waren die Unterschiede deutlicher wahrzunehmen. 2010 hatte er das Grab seiner Eltern besucht und sah am Strand, dass die Sonne greller schien als früher und dass der Meeresspiegel bereits so sehr gestiegen war, dass die traditionellen Strandhäuser auf Baumpfählen weiter Richtung Land versetzt worden waren, damit sie noch trockenen Fußes erreichbar blieben. Die Hitze hatte das Gras im Vorland und auf den Dünen graugelb verfärbt. Die wärmer gewordene Nordsee fing an, Miesmuscheln und andere Arten aus dem Wattenmeer zu vertreiben. Stattdessen siedelten sich andere Spezies an, die aber das über Jahrtausende gewachsene Ökosystem aus dem Gleichgewicht brachten. Ja, Tom wusste, was es heißt, wenn sich die eigene Umgebung veränderte. Und wie in Ron Hubers Heimat war auch in seiner Heimat die größte Sorge, dass eine starke Sturmflut die Deiche zerstören und die ganze friesische Halbinsel verloren gehen könnte.

»Ron, ich meine es ernst. Wenn wir den kommenden Gipfel boykottieren, setzen wir ein stärkeres Signal als …«

»Ich denke darüber nach!«

»Okay, ich sehe, das Ganze arbeitet in dir.«

»Ich kann dich nicht davon abhalten, das Phönix-Programm einzufordern, und ich will es auch gar nicht mehr. Aber pass verdammt noch mal auf dich auf. Versprich mir, dass ihr Vorkehrungen für eure Sicherheit trefft«, sagte Huber.

»Was treibt dich plötzlich zu diesem Sinneswandel? Du klingst für mich das erste Mal resigniert.«

»Die Prognosen für diesen Sommer. Der momentanen Hitzewelle gingen von Januar bis Ende März nicht nur keine Niederschläge voraus, sondern dieser beständige kalte, aber nie da gewesene trockene Wind. Wir haben die niedrigste Luftfeuchtigkeit, die je in Europa gemessen wurde.«

Im selben Atemzug sagte Ron den Termin mit Tom in Berlin ab, da er völlig überfordert sei mit der Erstellung des nächsten Sachstandsberichts, der ihm und allen Autoren schwer auf der Seele lastete.

Tom wusste das alles. Trotz langer Frostnächte hatte er im vergangenen Winter nicht ein einziges Mal sein Auto abkratzen müssen.

»Genau deswegen müssen wir die Strategie ändern. Ich will meiner Tochter eine Perspektive bieten und keine weiteren Märchen«, sagte Tom und sah, wie sich gegenüber auf der anderen Straßenseite zahlreiche Taxis einfanden.

»Es gab nie ein Versprechen, das wir hätten einlösen können, so fragil war und ist unsere Existenz. Du riskierst vielleicht dein Leben …«

»Was hast du gesagt? Ron? Ron?«

Kapitel 15

Das Klopfen an der Tür hatte Janne fast überhört. Sie ging in den Flur und konnte durch die Verglasung schemenhaft einen Mann sehen. Sie atmete tief ein, öffnete die Haustür und schaute in das leicht benommene Gesicht ihres Onkels.

»O Gott, Janne … Ich muss mich entschuldigen, aber es …«

»Alles gut, du musst dich doch nicht entschuldigen. Ich weiß gar nicht, was ich sagen soll. Warst du wirklich in dem Zug? Komm rein! Brauchst du irgendetwas?«

Tom griff sich mit einer Hand in den Nacken. »Ich bin mir ehrlich gesagt noch nicht ganz sicher. Wo ist Mareike? Mein Handyakku ist leer.«

Janne hatte sich dieses Wiedersehen so lange gewünscht. Aber dieser Wunsch aus einer heileren Welt war nun plötzlich abrupt mit dem verbunden, was ihre Familie ausmachte: Ständig ging irgendetwas schief! Tom trug Jeans und ein weißes Hemd zu schwarzen Schuhen. Mit seinem blauen Sakko und Mantel sah er wie ein gewöhnlicher Geschäftsmann aus. Obschon er nur ein paar Jahre jünger war als sein Bruder, hatte sein Gesicht, im Gegensatz zur tief zerfurchten Haut Roberts, kaum Falten. Nur seine Augen wirkten müde.

»Sie hat dich nicht erreicht und ist gerade mit Robert zur Unglücksstelle gefahren. Warte, ich ruf sie an. Und du, puh, du setzt dich am besten erst einmal.« Janne wies auf einen Stuhl in der Küche.

»Hey, ihr könnt umkehren, Tom ist hier. Was? Ja, Moment. Hier …«, sagte Janne und reichte Tom das Smartphone.

»Ja, ich hab ein wenig Kopfschmerzen und bin hundemüde. Wie bitte? Nein, ich habe in Neuruppin ein Zimmer. Du sollst nicht während der Fahrt telefonieren … Also jetzt komm erst mal her. Gut, bis gleich«, sagte Tom und reichte Janne das Smartphone zurück.

»Ich hoffe, das wird kein Drama werden«, sagte Janne und sah ein mildes Lächeln.

»Ich weiß, dass Roberts Situation nicht einfach ist. Vielleicht vermeiden wir einfach die Reizthemen«, sagte Tom und sah sich um. »Witzig, mich erinnert das hier an meine Zeit in Hamburg. Eine Chaos-WG jagte die andere, aber mir hat das immer gefallen.«

Janne musste lachen, so entwaffnend war Toms Bemerkung.

»Es sieht nicht überall so aus, einen Teil habe ich renoviert«, sagte Janne.

Tom strich sich über den Kopf und drehte seinen Nacken.

»Magst du es mir zeigen?«

»Das hat doch Zeit, komm erst mal an.«

»Nein, nein, ich bin neugierig.«

»Sicher? Du hast doch Schmerzen, das sieht man«, erwiderte Janne. Doch Tom stand schon auf und schüttelte den Kopf. Janne ging in den Flur. Tom grinste und folgte ihr. Janne öffnete erst das Gästezimmer, das sie komplett neu eingerichtet hatte. Neuer Holzfußboden, schlichte weiße Vorhänge, ein Bett mit großer beiger Tagesdecke, daneben ein Nachttisch mit kleiner Lampe, einem Buddha und einem alten Bauernschrank.

»Das hast du alleine gemacht?«

Janne nickte und ging zu ihrem Zimmer, öffnete die Tür und freute sich über Toms zustimmendes Lächeln.

»Nicht schlecht. Es ist wirklich schön.«

Janne öffnete die Tür zum Innenhof, schaltete das Licht an, was Tom den Blick auf den ganzen Vierkanthof eröffnete.

»Potenzial hat das Ganze«, kommentierte Tom. Einen Moment verweilten sie mit Blick in den Sternenhimmel. Schließlich gingen sie zurück in die Küche. Janne schenkte Tom ein Glas Wasser ein und setzte sich.

»Ansonsten hasse ich dieses Chaos, aber egal. Es fehlt einfach an Geld. Robert hat ausgerechnet heute Unmengen an Baumaterial angeschleppt und sogar Dachdecker und Heizungsmonteure bestellt. Na ja, Mareike hat gesagt, dass du etwas Dringendes mit ihr besprechen musst. Ich will ja nicht neugierig sein, aber …«

»Du bist aber neugierig«, brummte es aus dem Flur. Robert und Mareike waren angekommen.

Als Robert den Raum betrat, riss er die Augen auf, stellte sich breitbeinig auf, als wollte ein paar Zentimeter an Größe gewinnen. Ein Blick zu Tom, so wie Janne ihn noch nie gesehen hatte, ließ sie erschaudern.

»Hallo, Tom!«

»Hallo, Robert.«

Robert ging langsamen Schrittes zum Tisch, rückte einen Stuhl vor, setzte sich und verschränkte die Arme. Bevor er etwas sagen konnte, ergriff Mareike das Wort:

»Was ist mit dem Zug passiert?«

»Der Zug ist entgleist, da diese verdammte Hitze die Schienen verbogen hat. Aber er fuhr langsam genug, sonst wäre ich wohl kaum nur mit einer Beule davongekommen. Das alles ist wohl erst der Anfang von …«, fuhr Tom fort, und Janne schlug innerlich die Hände über den Kopf zusammen. Von wegen kein Reizthema.

»Was soll das heißen? Erspar uns bitte die nächste Story zum Klimawandel«, sagte Robert, stand auf, nahm sich eine Flasche Rotwein, öffnete sie, nahm vier Gläser von der Spüle und schenkte jedem ein. »Das ist ein besonderer Tropfen, könnte sogar dir schmecken«, provozierte Robert und drehte das Etikett in Toms Blickrichtung.

»Brunello?«

»Na ja, wenn man sich alle fünfzehn Jahre mal sieht …«, brummte Robert.

Janne beobachtete, dass Tom den Blickkontakt zu Robert mied. Als Robert kurz wegsah, musterte Tom seinen Bruder unauffällig, schüttelte leicht den Kopf, schloss kurz die Augen, öffnete sie wieder, seufzte, betrachtete das Glas Wein in seiner Hand und stellte es, ohne einen Schluck genommen zu haben, zurück auf den Tisch.

»Also, raus mit der Sprache. Was treibt dich auf einmal zu uns?« Robert trank den edlen Tropfen in einem Zug aus und schenkte sich nach.

»Ich denke, es ist besser, wenn wir das verschieben. Ich hab einen heftigen Tag hinter mir und ich muss noch ins Hotel«, sagte Tom.

»Ach, jetzt hab dich nicht so. Du bist doch ganz heiß drauf, unseren Töchtern etwas über den Weltuntergang zu erzählen. Oder etwa nicht.«

Janne ballte ihre rechte Hand zur Faust und schlug auf den Tisch.

»Du hörst sofort damit auf – oder ich gehe. Wenn mein eigener Onkel quasi an der Quelle sitzt, dort, wo man in der Lage ist, den Klimawandel noch zu stoppen, dann will ich dazu alles wissen, kapiert?«

Robert hob beschwichtigend die Hände, stand auf und öffnete wortlos die nächste Flasche.

»Janne, den Klimawandel können wir nicht mehr stoppen. Jedenfalls nicht so, wie sich das alle bisher vorgestellt haben«, sagte Tom.

Janne spürte einen Druck in der Brust. Sie sah in die Gesichter von Mareike und Robert. Ihr Vater sah aus, als wolle er laut loslachen. Doch dann holte er tief Luft:

»Nicht einmal das Wetter der nächsten sieben Tage lässt sich exakt bestimmen! Woher wollt ihr Schlaumeier dann wissen, wie das Klima in hundert Jahren aussieht? Anstatt dich mal um deine Familie zu kümmern, schneist du hier nach fünfzehn Jahren einfach rein und willst uns das Ende der Welt verkünden?«

Tom starrte seinen Bruder an, schüttelte den Kopf. »Du, als Landwirt, bist Klimaleugner – wo gibt's denn so was! Und hör bitte auf mit deiner Familiensaga. Es gibt keinen Vertrag, der einen, wenn man geboren wird, an sein Elternhaus bindet. Du weißt ganz gut, was ich von unseren Eltern hielt.« Tom erhob sich, ohne seinen Wein überhaupt nur angerührt zu haben. »So, es ist besser, wenn ich jetzt gehe, ich habe morgen …«

»… eine wichtige Konferenz – wie immer! Und dann lässt du dich wieder jahrelang nicht blicken«, sagte Robert in einer deutlich leiseren Tonlage.

Janne wollte ihren Onkel aufhalten, so sollte der Abend nicht enden. Sie warf einen stechenden Blick in Richtung ihres Vaters, der Robert etwas zur Räson brachte.

»Ich hab dafür echt keine Zeit, Robert. Ich muss morgen etwas tun, das mein ganzes Leben verändern wird und vielleicht auch das Leben eines jeden Menschen auf diesem Planeten. Vielleicht begehe ich damit auch den größten Irrtum meines Lebens«, fügte Tom leiser an und schloss für einen Moment die Augen.

Janne, die sich eben noch für Roberts vom Alkohol gezeichnetes Gesicht geschämt hatte, sah ihren Onkel mit anderen Augen: als einen Mann, der in seinem Innersten ein großes Leid verbarg. Im Fernsehen aus der Ferne hatte sie ihn ganz anders wahrgenommen.

»Jetzt drehst du langsam komplett durch«, sagte Robert und leerte das nächste Glas in einem Zug.

»Das ist schon ewig Alltag bei uns«, warf Mareike mit rotem Kopf plötzlich ein. »Ein Abend, mein lieber Vater, nur einen Abend mal ohne die Katastrophe, ja, geht das vielleicht?«

Janne sah auf ihre Cousine, und anstatt zu reagieren, versuchte sie innezuhalten und sich in Mareikes Lage zu versetzen. Fieberhaft suchte sie nach einem Weg, wie sie die Situation entspannen könnte. Tom setzte sich wieder, die Schultern zusammengefallen, den Mund zusammengekniffen. Er holte tief Luft und sah seinen Bruder mit leerem Blick an. Janne konnte seine Verzweiflung bis in die Knochen spüren. Was hatte er vor?

»Also gut, die Kurzversion. Mareike, wir müssen morgen über deine Sicherheit sprechen. Es hat keinen Sinn mehr, euch falsche Hoffnungen zu machen. In einem Satz? Wir können die Katastrophe nicht mehr abwenden. Jeder, der heute noch keine sechzig Jahre alt ist, wird eine Welt erleben, die möglicherweise dem biblischen Bild der Hölle entsprechen wird. Aber es gibt keinen Grund aufzugeben. Vielmehr geht es jetzt darum, die Welt so umzubauen, dass ihr am Ende überleben könnt. Genau das ist die Herausforderung eurer Generation.«

»Wir sind die letzte Generation!«, warf Janne ein und spielte auf jene Bewegung der Klimaschützer an, die gerade begann, sich zu radikalisieren.

»Nein, ihr seid die erste Generation, die lernen wird, sich anzupassen«, entgegnete Tom.

»Wie?«, fragte Janne und spürte eine nie da gewesene Angst und Beklemmung.

Robert stand plötzlich auf. »Wie heißt das noch, was ihr vorhabt – Geoengineering? Ich habe es im Netz gelesen, ihr wollt Experimente machen. Als hättet ihr nicht schon genug angerichtet! Und jetzt wollt ihr alles zerstören? Dabei habt ihr das Wetter schon manipuliert. Lasst der Natur ihren Lauf, die wird das schon machen.«

»Wohl kaum«, entgegnete Tom, bevor Robert die Küchentür so heftig hinter sich zuknallte, dass alle im Raum zusammenzuckten. Tom senkte den Kopf, sah dann auf sein gefülltes Weinglas, hob es mit zittrigen Händen an und trank langsam einen Schluck.

»Mmh, dieser Tropfen schmeckt wirklich gut … Mann, Mann, Mann! Mit allem habe ich gerechnet – aber das? Seit wann ist Robert denn auf diesem Trip?«

Janne fühlte sich unbehaglich. Bis eben war ihr auch nicht klar gewesen, in welchem Ausmaß Robert sich die Verschwörungstheorien der Klimaleugner zu eigen gemacht hatte. Eigentlich hatte sie Tom um Hilfe bitten wollen, damit Robert sich leisten konnte, einen langen Alkoholentzug zu machen. Aber dieser ferne Onkel, der nun endlich vor ihr saß, war im Grunde genommen ein Fremder, verwandt nur auf einem Stück Papier im Familienbuch.

Mareike stand auf und fuhr sich mit den Fingern durch die Haare. »Okay, Dad, was genau habt ihr denn morgen vor? Lisa meinte, sie fürchtet, dass dir und einem von uns das Gleiche wie Lil passieren könnte. Denkst du nie daran? Machst du dir nie Sorgen um uns?«

»Natürlich tue ich das. Es ist spät, Mareike, aber du kennst die Lage. Berlin ist im Moment kein sicheres Pflaster. Hier kennt dich niemand. Ich will nur auf Nummer sicher gehen, dass du nicht irgendwas in den sozialen Medien ausplauderst – du weißt schon … Am besten bleibst du einfach hier, und den Rest hört ihr euch dann morgen an. Auf unserer Pressekonferenz werden wir die Öffentlichkeit mit etwas nie Dagewesenem konfrontieren. Mit dem größten Umbau, den unsere Zivilisation je wird in Angriff nehmen müssen, um zu überleben. Das werden jetzt Jahrzehnte der Ungewissheit. Glaub mir, ich weiß das am besten, denn ich lebe diese Ungewissheit, genau wie viele meiner Kollegen, schon seit vielen Jahren Tag und Nacht. Mareike, es tut mir leid, dass ausgerechnet ich dein Vater bin.«

Tom stand auf. »Bitte ruf mir ein Taxi, Mareike«, sagte er müde. Ohne den jungen Frauen noch einen Blick zuzuwerfen, verließ er die Küche. Janne sah, wie Mareike wie gelähmt an die Decke starrte und dann zu ihrem Handy griff. Sie aber wollte Tom nicht so gehen lassen und folgte ihm. Doch da stand er schon auf der Straße. Von der Seite kam Robert auf ihn zu. Janne überschlug kurz, dass Robert schon mehr als eine Flasche intus hatte. Das war die gefährlichste Phase. Nach vier Flaschen wurde Robert in der Regel handzahm, aber nach der zweiten Flasche steigerte er sich in seine emotionalen Ausbrüche. Jede kleinste Kritik endete dann in einem Drama. Langsam schlich sie sich an die Tür und öffnete sie einen Spalt weit, um den Brüdern zuhören zu können.

Robert stellte sich mit bedrohlicher Pose vor Tom. In der Ferne waren Sirenen zu hören, und aus nordöstlicher Richtung leuchtete es orange am Abendhimmel. Wieder ein Brand, dachte Janne.

»Ich will, dass du aufhörst meine Tochter da weiter mit reinzuziehen!«

Tom breitete die Arme aus und trat einen Schritt von Robert weg. Erst jetzt fiel Janne auf, wie viel mächtiger Roberts Statur erschien.

»Da sprichst du mit dem Falschen. Sie ist auch ohne mich mittendrin. Aber du, du solltest lieber aufpassen, auf was für Kreise du dich einlässt. Merkst du denn nicht, dass du gefährlichen Verschwörungstheorien auf den Leim gehst? Dinge, die unsere Gesellschaft längst zerrissen haben und die Autokraten überall auf der Welt nutzen, um die wirklich freie Welt niederzuringen. Und noch dazu bist du dabei, dich selbst zugrunde zu richten. Robert, wenn du Janne nicht verlieren willst, lass den Alkohol stehen. Ich reich dir gerne die Hand, wenn du Hilfe brauchst.«

Robert schüttelte den Kopf und wandte sich ab. »Ich brauch deine Almosen nicht.«

Tom ging zum Taxi und öffnete die hintere Tür. »Niemand zwingt dich zu etwas. Am besten, ich halte einfach die Klappe. Darauf warten übrigens noch viel gefährlichere Leute als mein Bruder – keine Sorge. Wir könnten aber auch endlich einmal unsere persönlichen Befindlichkeiten bereinigen. Denn jetzt geht es um Ehrlichkeit und um die Zukunft unserer Töchter.« Tom stieg ins Taxi. »Ich melde mich.«

Janne schloss langsam die Haustür und sah eben noch, wie Mareike in ihrem Zimmer verschwand. In der Küche googelte sie »Tom Beyer«, klickte auf News und fand die Ankündigung der großen Pressekonferenz in Berlin. Als sie ihr Zimmer betrat, vibrierte ihr Smartphone. Die erste Nachricht von Tobias seit ihrem Streit.

»Wo bist du?«

»In Lentzke. Magst du telefonieren?«

»Ich bin gerade in einer Klausur, aber ich musste an dich denken. Hast du morgen Zeit?«

»Ja. Ich habe gerade erfahren, dass mein Onkel und andere Klimawissenschaftler morgen etwas ziemlich Drastisches ankündigen werden. Wir sollten zur Unterstützung eine Demo organisieren.«

»Das genau war es, was ich dir eigentlich sagen wollte. Ich denke, ich habe einen Fehler gemacht, als ich dich wegen der radikalen Ansagen der anderen in die Mangel genommen hab. Wir müssen mehr tun! Demo ist cool. Schick es in die Gruppe und wir sehen uns morgen?«

Für einen Moment lang fragte sich Janne, was diesen Sinneswandel bei Tobias ausgelöst hatte. Oder ging es ihm vielleicht doch nur um die Beziehung?

»Ja, ist gut. Ich vermisse dich.«

»Ich dich auch.«

»Und du kommst wirklich, trotz Demoverbot?

»Worauf du dich verlassen kannst!«

Kapitel 16

LENTZKE – 35 GRAD

Janne erwachte und hatte das Gefühl, jemand hätte ihr die Lebensgeister geraubt. Dass sie gestern aus Wut Robert den Wein weggetrunken hatte, war keine gute Idee gewesen. Und trotzdem zog es sie aus dem Bett. Sie schaute in ihrem Messenger, was es an Feedback für die Demo gab, und konnte sehen, dass sich wahre Massen angemeldet hatten. Sie würden den ersten Teil verpassen, dachte Janne und holte ihr iPad aus der Schublade. Dann kündigte sich Tom per Message überraschend für den Abend an. Er wollte noch mal mit Robert reden, da Mareike ihm erzählt hatte, dass Janne sich auch gut vorstellen könne, nach dem Studium die Landwirtschaft in Norddeutschland nachhaltig weiterzuführen. Das war in Wirklichkeit mehr eine Fantasie als ein konkreter Plan, aber plötzlich war mit Tobias sogar der potenziell richtige Partner dafür da. Wie auch immer, ein Grund mehr, ihre Sachen zu packen, bevor Robert das Haus tatsächlich mit Renovierungslärm fluten würde und die beiden gealterten Kampfhähne wieder aufeinanderprallen würden. Sie stand auf und erschrak, als sich die Tür zu ihrem Zimmer leise öffnete.

»Wie geht es dir?«, fragte Mareike.

»Ich bin gerade ziemlich genervt von Robert. Ich fahr nach Berlin zur Demo. Ich nehme an, du hast Besseres vor, aber ich könnte dich zu Hause absetzen. Liegt auf dem Weg«, sagte Janne und sah, wie Mareike das Foto von Tobias auf ihrem Schreibtisch musterte.

»Es tut mir leid wegen gestern Abend.«, sagte Mareike leise.

»Was genau? Etwa, dass du deinem Vater ausgerechnet vor Robert in den Rücken gefallen bist? Schon vergessen.«

»Wirklich?«

Janne nickte, zog ihren Pyjama aus und angelte sich ihre Jeans und ein T-Shirt mit dem Aufdruck: »Wir sind die letzte Generation«. Dann holte sie ihren Rucksack aus dem Schrank und begann zu packen.

Mareike baute sich störrisch vor Janne auf. »Nur weil ich die Schnauze voll davon habe, dass dieses Thema, seit ich denken kann, unsere gesamte Familie beherrscht hat, heißt das nicht, dass ich ignorant bin. Ich komm mit – okay?«

Janne wusste nicht so recht, wie sie mit Mareike umgehen sollte. Die Enttäuschungen, seit sie ihre Cousine statt als kindliche Freundin als erwachsenen Menschen wieder kennengelernt hatte, häuften sich. Sie tat sich schwer mit ihrer gönnerhaften Haltung angesichts von Roberts Finanzsorgen und ihren doch extrem unterschiedlichen Interessen. Und zuletzt der gestrige Abend. Janne spürte ein wachsendes Bedürfnis nach Abstand.

»Bist du sicher? Es wird da ganz schön zur Sache gehen. Wir verstoßen gegen das Demonstrationsverbot, und ich weiß gar nicht, ob die Ausgangssperre noch gilt. Also nicht dass du jammerst, wenn du auf der Wache landest.«

Mareike lachte kurz auf.

»Dann weißt du wohl nicht, wie eine Spring Break Party endet. Hey, es tut mir wirklich leid, was gestern Abend passiert ist.«

Mareikes Smartphone kündigte eine Nachricht an, sie fummelte es aus ihrer Hosentasche, schaute drauf, setzte sich auf das lederne Bodenkissen, senkte den Kopf und verharrte mit offenem Mund, als wäre sie eingefroren.

»Hey, alles in Ordnung?«

»Was?«

Mareike schaute Janne an, ohne sie zu sehen.

»Ob alles in Ordnung ist?«

»Ja ... ja alles gut. Also – wenn mein Vater heute schon seine große Show hat ... dann will ich auch dabei sein«, stammelte Mareike.

Janne schloss ihren Rucksack und griff sich die Autoschlüssel.

»Hast du gesehen, ob Robert schon irgendwo herumschleicht?«

»Ich hab ihn schnarchen gehört. Wieso? Ah, hab schon verstanden. Aber wir kommen wieder hierher, oder?«

Janne überlegte, dachte kurz noch mal nach, was passieren könnte, wenn Robert und Tom alleine aufeinanderträfen. Und wenn in Berlin, wie vom Wetterdienst angekündigt, der bestehende Hitzerekord erneut getoppt würde. So viel stand fest: In der Stadt würde es unerträglich. Aber reden wollte sie heute nicht mehr mit ihrem Vater. Sie griff nach ihrem iPad, richtete einen mobilen Hotspot ein und öffnete den Stream zur Pressekonferenz, die gleich beginnen würde.

»Dein Vater kommt am Abend noch mal hierher, Mareike, willst du deswegen wiederkommen?«

Mareike schüttelte den Kopf. Irgendwas ging in ihr vor. Von Sekunde zu Sekunde sah sie blasser aus. Bevor Janne nachhaken konnte, stand Mareike schon im Flur. Janne schrieb ihrem Vater eine Nachricht und legte den Zettel auf den Teppich vor ihrem Bett. Sie schlichen zum Hinterausgang, vorbei an Roberts Wagen, der immer noch voller Farbtöpfe, Pinsel, Holzlatten und Werkzeug im Innenhof stand, hinaus auf die Straße zum Cherokee.

Janne dachte beim Anlassen des Wagens, wie es sein würde, Tobias wiederzusehen, und ob Mareike bei ihrem Wiedersehen nicht im Weg wäre. Und ebenso, falls es zu Ausschreitungen kommen sollte. Ihre nächste Sorge galt der Temperaturanzeige. Es war noch nicht mal 9 Uhr und schon 40 Grad heiß.

Kapitel 17

BERLIN – HAUS DER BUNDESPRESSEKONFERENZ –
40 GRAD

Toms Taxi erreichte das Haus der Bundespressekonferenz am Schiffbauerdamm. Die erste Nachricht von Gunnar war vielversprechend. Die Zahl der Journalisten, die sich akkreditierten, stieg minütlich. Eine andere Nachricht machte ihm eher Sorgen. Die Ankündigung der Pressekonferenz hatte sich über die sozialen Medien wie ein Lauffeuer verbreitet. Damit hatte Tom wohl gerechnet, aber nicht damit, dass sich diverse Aktivistengruppen trotz des Demonstrationsverbotes so schnell formieren würden. Die Gruppe »Fight Back Generation« kündigte an, man werde Berlin lahmlegen. Die Polizei bereitete sich auf einen Großeinsatz vor, nachdem weitere radikale Gruppen Aktionen angekündigt hatten. Am Montag müsse man in Berlin mit gravierenden Rechtsverstößen rechnen, konstatierte der Polizeipräsident und betonte, dass die Szene der radikalen Klimaaktivisten wiederholt gezeigt habe, dass in diesen Kreisen neben zivilem Ungehorsam auch Gewaltanwendungen zumindest billigend in Kauf genommen würden. Die Klimakrise würde bewusst zu einer Krise des politischen Systems zugespitzt. Für die Berliner Polizei eine heikle Situation. Nach einer langen Debatte über den harten Einsatz gegen die Proteste der Querdenker während des Höhepunkts der Pandemie, in die sich sogar der UN-Sonderberichterstatter für Folter einschaltete und Aufklärung forderte, würden viele Querdenker nun genau verfolgen, wie die Berliner Polizei mit diesen radikalen Gruppen umging.

Der Fahrer stoppte den Taxameter, blickte Tom über den Rückspiegel an. »Das macht dann 110 Euro 50. Mit Karte oder bar?«

Tom starrte das Haus an. Langsam zog er seine Kreditkarte aus der Geldbörse, reichte sie dem Fahrer. »120 bitte«, sagte er leise. Er stieg aus, blickte auf die Fahne des Bundestags, dann auf das Rinnsal vor ihm. Die Spree.

Weiter vorne parkten einige Sendewagen. Als hinter ihm jemand seinen Namen nannte, erschrak Tom.

»Musst du dich so anschleichen?«

Gunnar hob die Hände. »Ich bin unschuldig«, sagte er. »Alles ist vorbereitet! Was ist los mit dir? Du siehst fürchterlich aus.«

»Wie soll ich das alles auffangen? Ich meine, erst die Pandemie, dann die Kriegsängste, und mit den Eröffnungen des heutigen Tages nehme ich meiner Tochter und ihren Altersgenossen alles Gewohnte, quasi den Rest«, sagte Tom.

»Diese Generation wird damit besser klarkommen, als du glaubst. Komm schon, das wird sicher ein Riesenspaß, wir werden richtig gegrillt werden«, witzelte Gunnar.

Tom hatte den Humor seines Freundes schon immer etwas gewöhnungsbedürftig gefunden.

Als sie den großen Saal erreichten, traute Tom seinen Augen nicht. Der Raum war zum Bersten gefüllt, und durch die Fenster sah er im Innenhof unzählige Sendewagen, europäische, amerikanische und viele andere, deren Namen er nicht mal kannte.

Hinten im Saal waren die Dolmetscherkabinen besetzt. Dutzende internationaler Onlinemedien würden das alles gleich live streamen, und die Community hatte weltweit alles darangesetzt, binnen weniger Tage so viel Aufmerksamkeit wie möglich für diesen Morgen zu bekommen. Doch bevor Tom sich einen Weg zum Podium bahnen konnte, klingelte sein Smartphone.

»Ron, das ist jetzt wirklich der ungünstigste Zeitpunkt …«

»Du erinnert dich an unseren Versuch, den Weltsicherheitsrat dafür zu gewinnen, dass der Klimawandel dort als die größte Bedrohung für den Weltfrieden auf die Tagesordnung gehört?«

»Ja natürlich, aber was soll ich jetzt damit anfangen?«

Ron räusperte sich zweimal. Tom wusste, dass dann in der Regel etwas Großes folgte.

»Wie du weißt, konnten wir nachweisen, dass die Kriege in Syrien, im Südsudan und Libyen im direkten Zusammenhang mit den Folgen des Klimawandels stehen. Ich hab nicht erwartet, dass wir das so schnell schaffen, aber für deine Pressekonferenz solltest du wissen, dass es auch der deutsche Botschafter war, der die Auffassung vertrat, dass man sich vom Mandat der Sicherung des Weltfriedens entferne, wenn man ein entwicklungspolitisches Thema an den Sicherheitsrat adressierte. Ich schick dir gleich noch den Vergleich des weltweiten Dürre-Index sowie Listen des UN-Flüchtlingshilfswerks über Asylanträge. Dazu Daten von Toten bei gewaltsamen Konflikten, die direkt nach Dürren angestiegen waren. Und jetzt drück ich euch die Daumen!«

Tom war sich fast sicher, dass Huber noch etwas anderes im Schilde führte.

»Ron, was willst du mir wirklich sagen? Dass wir ein UN-Mandat brauchen, um mit einer Armee den Regenwald zu schützen?«

»Ich habe gehört, dass der Botschafter in Berlin ist. Eine gute Gelegenheit für dich, ihn aufzusuchen. Und genau da müssen wir völkerrechtlich hinkommen.«

Tom trat aufs Podium, dachte noch einen Moment über Hubers Intervention nach, blickte nach rechts zu Gunnar, prüfte am Laptop ein letztes Mal seine Präsentation und schaltete die erste Folie frei.

Wir haben den Kampf gegen den Klimawandel verloren –
Strategien zur Anpassung an eine neue Welt
DAS PHÖNIX-PROGRAMM

Sehr geehrte Damen und Herren, wir bedanken uns für Ihr Kommen. Aufgrund des Umfangs und der Komplexität werden wir im Anschluss an diese Pressekonferenz nicht für weitere Fragen zur Verfügung stehen, gerne aber in einer der Folgekonferenzen. Wie Sie schon am Titel der Veranstaltung erkennen, geht es uns heute nicht mehr um Wahrscheinlichkeiten, Klimamodelle und Prognosen. Vielmehr geht es um das Management einer nicht mehr abzuwendenden Katastrophe. Eine Katastrophe, die weltweit bereits unzählige Menschen in die Flucht getrieben hat und bald noch viel mehr aus unbewohnbar werdenden Gebieten vertreiben wird. Die Zahl der Menschen, die schon in diesem Sommer an den Folgen der Erhitzung sterben werden, wird dramatisch steigen. Hinsichtlich der geopolitischen Spannungen, die hier nicht Thema sind, verweisen wir auf den Bericht der CIA, der kurz vor dem Klimagipfel von Glasgow veröffentlicht wurde. Dort wurde eindrucksvoll geschildert, dass durch den Klimawandel weitere kriegerische Auseinandersetzungen zu befürchten sind.

Meine Damen und Herren, es wurden schon viele Bücher über die Folgen einer möglichen Klimakatastrophe geschrieben. Aber nun ist der Moment gekommen, den Tatsachen ins Auge zu sehen. Um es unmissverständlich zu sagen: Die Klimaforschung hat das Tempo und die Tragweite des Klimawandels unterschätzt. Nur wenn wir uns heute eingestehen, dass der Kampf gegen den Klimawandel verloren ist, haben wir die Chance, unsere Kraft geeigneten Methoden der Anpassung zu widmen.

Wir möchten Sie dazu ermutigen, sich eine Welt vorzustellen, die den Kampf gegen die Erderwärmung gewonnen hat. Das geht nur durch steten Wandel und vor allem aber durch Anpassung. Um es vorweg zu sagen: Dieser Wandel wird sich über viele Generationen hinziehen müssen.

Die Pandemie der letzten Jahre hat uns aber auch gezeigt, dass wir in der Lage sind, unsere Gewohnheiten zu verändern, wenn

Gefahr droht. Fast von einem Tag auf den anderen ist es gelungen, die Emissionen substanziell einzuschränken, indem wir unser Verhalten angepasst haben. Sprich, die Einschränkungen dieser zwei Jahre haben bewiesen, wie zügig wir etwas erreichen können, auch wenn der Anlass dort ein Virus war. Meine Damen und Herren, dieser für die gesamte Zivilisation bedrohliche Situation sind weder Demokratien noch Diktaturen gewachsen. Kein politisches System, keine Kultur kommt daran vorbei. Wir werden gemeinsam untergehen oder lernen, uns neu zu verhalten.

Das Phönix-Programm wurde für den Tag entwickelt, an dem wir Wissenschaftler Gewissheit darüber haben würden, dass nicht nur die Klimaziele nicht erreicht, sondern die sogenannten Klimakipppunkte unwiderruflich überschritten wurden. Unsere Modelle gehen in diesem Fall davon aus, dass damit ein Prozess einsetzt, der unsere gesamte Zivilisation bedroht. Nun ist es so weit: Der Tag ist gekommen, an dem wir existenzielle Entscheidungen treffen müssen.

Wie Sie wissen, mussten nahezu alle Vorhersagen des Weltklimarates in den vergangenen vierzig Jahren zum Schlechteren korrigiert werden. Zwischen der Erkenntnis, dass gehandelt werden muss, und einem tatsächlichen Wandel hat unsere Gesellschaft viel zu viel Zeit verstreichen lassen. Deshalb müssen wir davon ausgehen, dass die eben erwähnten Klimakipppunkte deutlich früher eintreten werden, obwohl sich eine exakte Prognose immer noch schwierig gestaltet. Wir werden eingreifen müssen, allerdings unter den Bedingungen von Unsicherheit. Was wir jedoch zweifelsfrei um uns herum beobachten können, ist eine eklatante Beschleunigung der Erderwärmung. Bisher hatten wir alle gedacht, so weit würde es erst gegen Ende dieses Jahrhunderts kommen.

Somit sehen wir jetzt den Zeitpunkt gekommen, die Bevölkerung aufzuklären und Ihnen allen geeignete Handlungsoptionen zu präsentieren. Erst im nächsten Zug kommen wir auf politische

Handlungsnotwendigkeiten zu sprechen, die bisher auf keinem Klimagipfel durchzusetzen waren. Dazu bedarf es des Drucks und der Entschlossenheit der globalen Zivilgesellschaften.

Diese Veranstaltung heute, meine Damen und Herren, ist nur der Auftakt zu einer Reihe von weiteren Pressekonferenzen, da die Komplexität des Themas umfassende Aufklärung erfordert.

Die Folgekonferenzen werden in unterschiedlichen Ländern von Wissenschaftlerkollegen, die international an der Entwicklung des Phönix-Programms beteiligt sind, organisiert werden.

Wir, die Initiatoren dieser Konferenz, sind ein Zusammenschluss unabhängiger Wissenschaftler, die ehemals für den Weltklimarat tätig waren. In meiner Funktion als Präsident des Potsdamer Instituts für Klimafolgenforschung bin ich zusammen mit meinen international tätigen Kollegen zu der Überzeugung gelangt, dass nun drastische Maßnahmen erforderlich sind, die notwendigerweise mit weltweiten Wohlstandseinbußen einhergehen werden. Wir werden uns an empfindliche Einschränkungen gewöhnen müssen, die zwar jedem Menschen die Deckung seiner Grundbedürfnisse zugestehen, aber alles, was darüber hinausgeht, unter den Anforderungen der Transformation infrage stellen.

Das bestehende, auf Wachstum und Verbrauch von ökologischen Ressourcen basierende Wirtschaftsmodell wird durch ein komplett reformiertes, auf Recycling und Renaturierung angelegtes Wirtschaftssystem einer Kreislaufwirtschaft ersetzt werden müssen. Darüber hinaus brauchen wir den Einsatz von lokalen Klimatechnologien, die es den Menschen trotz Hitzewellen und den damit verbundenen Naturkatastrophen ermöglicht, zu überleben. Das wird allerdings, bis es idealerweise in einigen Jahrzehnten zu einer Abkühlung kommen wird, kaum vollumfänglich möglich sein.

Selbst unsere optimistischsten Szenarien erreichen nicht die Ziele des Pariser Klimaabkommens, wo vereinbart wurde, den globalen Temperaturanstieg innerhalb des aktuellen Jahrhunderts auf deutlich unter zwei Grad Celsius zu begrenzen. Heute wissen wir, dass wir die 1,5 Grad bereits in vier Jahren überschreiten. Die wahrscheinlichsten Ergebnisse unserer aktuellsten Berechnungen beziffern immer noch ein Plus von rund 2,2 bis 3,4 Grad in diesem Zeitraum. Knapp unter der Grenze von zwei Grad wären wir gelandet, wenn in den vergangenen Jahren die ambitionierten Versprechen und Pläne zur Klimaneutralität tatsächlich umgesetzt worden wären. Darüber hinaus bremsen kriegerische Auseinandersetzungen und mit dem Klimawandel einhergehende Konflikte den notwendigen Wandel drastisch.

Uns ist bewusst, dass man beim Treffen politischer Entscheidungen mit nicht zu eliminierenden Unsicherheiten wird leben müssen und bei jedem Schritt das ganze Spektrum der Szenarien im Auge behalten muss. Um den Anpassungsprozess an den nicht mehr zu stoppenden Klimawandel in Gang zu bringen, muss die Politik die notwendigen Eindämmungsmaßnahmen nun konkret umsetzen. Alles, was dazu im Einzelnen eingefordert werden muss, wird auf den ersten Blick verstörend wirken und erheblichen Widerstand bei allen Beteiligten hervorrufen.

Wir haben Tausende Einzelmaßnahmen zusammengetragen, die hier kaum zur Gänze vorgetragen werden können. Die wichtigsten Maßnahmen dessen, was wir als Phönix-Programm bezeichnen, haben wir in einzelnen Themenblöcken auf dem Portal thephoenixevolution.org für Behörden und Medien bereitgestellt. Darüber hinaus möchten wir, sowohl als Autoren des Weltklimarates wie auch anderer Institutionen, ankündigen, dass wir einem weiteren Weltklimagipfel nicht nur skeptisch gegenüberstehen, sondern diesen boykottieren werden. Dazu später mehr.

Meine Damen und Herren, wie Sie alle wissen, kam es während der Pandemie zu einer beispiellosen Reduktion von Produktion und Mobilität. All diese Maßnahmen müssen, bis auf die Kontaktbeschränkungen natürlich, im Großen und Ganzen wieder aufgegriffen werden. Dies wird die größte Wohlstands- und Konsumwende in unserer Geschichte. Zugleich sollte sie aber kein Grund für Ängste und Konflikte sein. Dennoch sind wir uns völlig darüber im Klaren, dass die bevorstehende Transformation genau diese Ängste auslösen wird. Dennoch: Die Alternative wäre das Ende nicht nur unserer Existenz, sondern der gesamten Biosphäre.

Die Transformation wird auf zwei völlig unterschiedlichen Ebenen vor sich gehen. Zum einen müssen die großen Strukturen durch politische Vorgaben verändert werden. Zum anderen wird jede und jeder Einzelne nun gefordert sein, sein individuelles Verhalten anzupassen, wie bereits in der Pandemie geschehen und von dem überwiegenden Teil der Bevölkerung angenommen. Wir müssen der CO_2-Pandemie genauso drastisch begegnen. Jede politische Entscheidung wird, da machen wir uns nichts vor, Gruppen benachteiligen, die nicht einsehen werden, dass sie die ersten Opfer bringen müssen. Wir erwarten große ideologische Auseinandersetzungen. Dass zeigen uns alleine schon die Grabenkämpfe zwischen den Verteidigern von Fleischkonsum und billigen Urlaubsflügen, die wiederum von Klimakämpfern für ihren Egoismus und ihre mangelnde Solidarität beschimpft werden. Aber, meine Damen und Herren, wenn sich die Regierungen endlich ihrer Verantwortung stellen und die Menschen bei der unausweichlichen Transformation mit einbinden, kann das einen Boom an Partizipation auslösen und zu einer nie da gewesenen Beteiligung der Bürgerinnen und Bürger führen.

Hier und heute muss jedem klar sein, dass die Politik immer noch nicht in der Lage ist, die Rahmenbedingungen so zu gestalten, dass jeder sein Verhalten verändern kann. Es bringt nichts, den ökologischen Fußabdruck zu messen, wenn der Verzicht des einen den Egoismus des anderen fördert. So entsteht kein kooperatives Verhalten. Wir müssen also ein Versagen der Politik feststellen, viel mehr als das des einzelnen Bürgers. Nach Jahrzehnten Verhandlungen wurde das Kyoto-Protokoll mit völkerrechtlich

verbindlichen Zielwerten der Emission von Treibhausgasen er-
stellt und von mehr als 190 Staaten ratifiziert. Was dann bis
Glasgow und im Weiteren geschah, wissen Sie. Zusagen wurden
und werden nicht eingehalten.

Nun kommen wir zu den Wendepunkten, die in dem Phönix-
Programm relevant sind, und anschließend wird mein isländi-
scher Kollege Gunnar Ragnarsson eine längst notwendige Debat-
te zum Einsatz von Climate-Engineering-Technologien und
-Methoden anstoßen sowie zum Management von Dürren und
anderen Naturkatastrophen. Um nämlich ein weiteres Aufheizen
der Erde zu verhindern, werden verschiedene Methoden ange-
dacht, die das Ziel verfolgen, der Atmosphäre Kohlendioxid zu
entnehmen oder die Einstrahlung von Sonnenenergie zu verrin-
gern. Keine der hierbei diskutierten Methoden ist bislang ausge-
reift. Hier braucht es umgehend eine Forschungsoffensive, die die
Protagonisten in die Lage versetzt, Potenziale und Risiken genau
abzuschätzen. Für einige Methoden ist aber schon jetzt abzuse-
hen, dass diese auch erhebliche Nebenwirkungen haben könnten.

Als Tom neben dem Mikro sein Smartphone vibrieren sah, stockte
kurz seine Stimme. Es war eine Message von Lil, die sie schon am
Abend gesendet hatte.

Kapitel 18

LENTZKE – 42 GRAD

Robert wachte auf, blickte mit zerknirschtem Gesicht auf die leeren Flaschen, setzte sich auf die Bettkante, rieb sich die Augen und schaute auf sein Smartphone. Vom Notar war die Bestätigung gekommen, es fehlte nur noch seine Unterschrift.

Die Wodkaflasche am Schreibtisch im Visier stand er auf. Er wankte durch den Raum und nahm einen Schluck, und gleich noch einen, bevor er die Flasche zurück auf den Tisch knallte. Etwas ungelenk schlüpfte er in seine Jeans und zog sich ein weites weißes Hemd über. Er blickte auf die Tapeten, die schon ewig an den Wänden klebten. Verblichene Blumenmuster, in den Ecken wellten sie sich, und man sah die Stellen, wo früher einmal ein Schrank gestanden war. Die Fenster mit der einfachen Verglasung hatten jeden Winter die Gasrechnung in die Höhe getrieben. Wenn alle mit anpackten, konnten sie diesen Sommer endlich das Notwendigste renovieren. Höchste Zeit, dachte Robert, Janne sollte endlich ein Zuhause haben, in dem sie sich wohlfühlte.

Robert ging in den Flur. Es war Samstag, da schlief Janne meistens bis 10 Uhr oder länger. Es war mucksmäuschenstill. Er ging leisen Schrittes zur Haustür und öffnete sie. Die Sonne blendete ihn. Der Wetterdienst hatte mal wieder recht behalten, schon jetzt war es glühend heiß. Die Hitze schlug ihm sofort auf den Kreislauf. Er drehte um, wollte zurück ins Haus. Aber irgendetwas irritierte ihn. Da fehlte doch etwas. Er drehte sich abermals um. Seine Augen hatten ihn nicht getäuscht. Jannes Wagen war weg.

»Die beiden sind doch nicht etwa nach Berlin abgehauen. Das kann doch nicht wahr sein!«, murmelte Robert und stapfte fluchend ins Haus. Er hämmerte an Jannes Tür, stürmte, ohne auf Antwort zu warten, hinein und fand am Boden neben dem leeren Bett einen Zettel. »Wir sind am Abend wieder da!« Erst jetzt kamen alle Erinnerungen vom gestrigen Abend wieder. Als er sie anrufen wollte, hörte er ihr Smartphone neben sich auf ihrem Schreibtisch vibrieren. Robert bereute jetzt, dass er weder Mareikes noch Toms Nummer eingespeichert hatte. Er lief in sein Zimmer, setzte sich an den Schreibtisch, nahm einen Schluck aus der Flasche, öffnete seinen Laptop und suchte im Netz nach dem Namen seines Bruders und wurde sofort fündig. Ganz oben bei den Suchergebnissen wurde der Livestream der Pressekonferenz angezeigt. Um 13 Uhr würde sie fortgesetzt. Hektisch suchte er nach ersten Reaktionen. Da stand es auch schon: Die Berliner Polizei berichtete von schweren Ausschreitungen im Zuge unangemeldeter Demonstrationen rund um das Regierungsviertel. Gewaltbereite Klimaaktivisten und randalierende Klimaleugner waren aneinandergeraten. Die Polizei meldete Dutzende Verletzte und Festnahmen. Die Lage konnte noch nicht unter Kontrolle gebracht werden. Der Polizeipräsident wies auf das Demonstrationsverbot hin und appellierte an die Vernunft. Jeder, der sich den Protesten anschloss, machte sich unmittelbar strafbar und gefährdete dazu sich und andere. Die Krankenhäuser waren bereits mit Hitzeopfern überfüllt, der Zusammenbruch des Systems war zu befürchten. Ein Arzt wurde zitiert, der berichtete, dass auch jüngere Menschen mit den Folgen der Hitze zu kämpfen hätten. Der Kreislauf würde bei den herrschenden Temperaturen in Verbindung mit hoher Luftfeuchtigkeit schnell den Taupunkt erreichen, an dem der Körper sich nicht mehr abkühlen kann und im schlimmsten Fall kollabiert.

Roberts Facebook-Gruppe meldete Hunderte neuer Posts. Die übereinstimmende Meinung war, dass die Regierung nach dem Virus nun ein neues Fanal gegen die Freiheit auffuhr. Jetzt sollte schon etwas sommerliche Hitze dazu benutzt werden, den Weltuntergang an die Wand zu malen und die Bürger mit Gesetzen und Maßnahmen zu gängeln, die höchstens den Herrschenden selbst zugutekommen würden. Dann überflog er die Schlagzeilen und fand erste Meldungen über das, was sein neunmalkluger Bruder und seine Verschwörungskollegen in ihrer ach so tollen Pressekonferenz von sich gegeben hatten. Robert nahm einen weiteren Schluck Wodka und griff sich seine Autoschlüssel. Auf dem Hof musste er erst einmal Farben, Holz und Werkzeuge aus dem Auto laden. Schweißgebadet und leicht benommen saß er schließlich im Wagen. Auf dem Handy suchte er nach dem Versammlungsort der *Letzten Generation,* der Aktivistengruppe, die Janne immer wieder erwähnt hatte. Na klar, das hätte er sich denken können: Direkt beim Regierungsviertel wollten sie protestieren. Eilig startete er den Motor und machte sich auf den Weg in die Hauptstadt.

Kapitel 19
BERLIN – 43 GRAD

Janne und Mareike rannten durch das Brandenburger Tor auf den Pariser Platz zu. Mareike keuchte vom Laufen, und auch Janne blieb die Puste weg. Gerade noch waren sie einem Mob von Klimaleugnern entkommen, die auf jeden einschlugen, den sie als Klimaaktivisten einstuften. Die Polizei wurde zwischen Dutzenden Schauplätzen in mehreren Stadtteilen aufgerieben, denn die Demonstranten hatten sich, statt wie angekündigt zu einer Großveranstaltung, überall in der Stadt in kleineren kampfbereiten Gruppen formiert.

»Wieso musstest du auch dieses beknackte Shirt anziehen?«, schrie Mareike.

»Komm, weiter«, sagte Janne. Sie hatte schon geahnt, dass Mareike mehr Ballast als Hilfe sein würde. »Tobias ist direkt vor der Pressekonferenz, da sind wir sicher, und ich will den Rest nicht verpassen!«, schrie Janne, während mehrere Mannschaftswagen von Polizisten gefolgt von einem Wasserwerfer an ihnen vorbeifuhren. Doch ihre Stimme ging im ohrenbetäubenden Lärm der Martinshörner unter. Janne gestikulierte in Richtung Wilhelmstraße und lief los. Etwa hundert Meter weiter wurde es endlich ruhiger.

»Come on, halt durch, ich hab dir ja gesagt, dass es hier zur Sache geht.«

Seit sie am Morgen Lentzke verlassen hatten, hatte ihre Cousine irgendwie abwesend gewirkt. Janne dachte zunächst, dass sie Angst hatte, aber das war es nicht. Irgendetwas lag ihr offenbar auf der Seele.

»Sorry, ehrlich gesagt macht mir nur die Hitze zu schaffen«, sagte Mareike und wischte sich mit dem Unterarm den Schweiß von der Stirn. Als sie endlich das Haus der Bundespressekonferenz erreichten, sahen sie, dass das Gelände von einem Großaufgebot der Polizei gesichert wurde. Janne schrieb Tobias über ihre Whats-App-Gruppe an und schickte ihm eine Standortfreigabe.

»Wir warten am letzten Stück Mauer!«

»Okay, eine Minute!«

Mareike hatte sich erschöpft auf die Gehwegkante gesetzt. Einen Moment später sagte eine bekannte Stimme hinter Janne: »Hallo!«

Sie drehte sich um, und ein komplett veränderter Tobias stand vor ihr.

»Wow, das ist neu!« Janne musste lachen, was Tobias verschämt lächeln ließ.

»Bei der Hitze hab ich die Matte nicht mehr ausgehalten, wächst ja wieder nach«, witzelte Tobias. Mareike stand auf, und während Janne eine Umarmung erwartete, kreuzten sich Tobias' und Mareikes Blicke.

»Äh, Tobias, darf ich dir meine Cousine Mareike vorstellen?« Janne nahm seine Hand, stelle sich neben ihn und legte ihren linken Arm um seinen Rücken.

»Hi, hab schon viel von dir gehört. Alles gut bei euch?« Tobias umarmte Janne, schaute ihr kurz tief in die Augen und dann wieder zu Mareike.

»Was dein Vater gerade gemacht hat, wird eine Revolution auslösen, das war das volle Programm«, sagte Tobias mit funkelnden Augen. »Ich meine, die fordern das komplette Ende der Globalisierung. Alle die Verhaltensweisen, die wir verändern müssen, werden endlich mal auf den Tisch gebracht. Und sie wollen den kommenden Klimagipfel boykottieren. Und, oh my God, sie rufen die Völker der Welt auf, sich moderne Führungen zu wählen. Ich weiß gar nicht, wo ich weitermachen soll …«

Mareike grinste Tobias an. Janne spürte, dass sich ihre Stimmung, als sie Tobias erblickt hatte, binnen Sekunden aufhellte.

»Endlich hat er das komplette Phönix-Programm veröffentlicht. Tja das kenne ich, seit ich klein bin. Diese Vision, die es zuwege bringen soll, den ganzen Planeten umzubauen. Aber die Message, dass es zu spät ist, den Klimawandel zu stoppen, halte ich für falsch. Janne, vielleicht verstehst du jetzt, warum ich davor immer Angst hatte, denn das Programm wird heftigen Widerstand auslösen«, sagte Mareike.

Tobias schaute irritiert und schüttelte den Kopf. »Es ist etwas …«

»… kompliziert, ich weiß. Versteh mich nicht falsch, aber das, was heute in der Pressekonferenz passierte, wird eine Menge Ärger für ihn und auch für mich nach sich ziehen. Egal … Was machen wir jetzt? Ich meine, bevor ich mich verstecken muss, hätte ich gerne noch etwas Spaß.«

Tobias zeigte die Straße hinunter, wo sich gerade eine Polizei-Hundertschaft formierte. Nur Augenblicke später strömte eine Horde grölender Klimaleugner auf den Platz.

»Wenn die durchbrechen, haben wir ein Problem. Ich warne die anderen. Wir sollten hier verschwinden. Wie wär's, wenn wir uns einen Drink im Griffin gönnen, dort den Rest der PK ansehen und dann nach Lentzke fahren? Ich kann die Hitze hier echt nicht mehr ertragen«, sagte Tobias.

Janne schüttelte den Kopf »Mein Vater ist da, und es kracht gerade ziemlich.«

Tobias lächelte »Ich hab das Wohnmobil dabei.«

»Warum nicht?«, stimmte Mareike begeistert zu. »Wir wollten doch eh zurück.«

Janne willigte ein. Ein Abend am Fluss wäre weitaus erträglicher als dieses glutheiße Berlin. Plötzlich rasten mehrere Feuerwehrwagen die Straße entlang. Nicht weit entfernt von dem Platz, an dem sie ihr Auto abgestellt hatte, stiegen Rauchsäulen auf.

Kapitel 20

BERLIN – 44 GRAD

Nach einem kurzen Halt an der Tankstelle versuchte Robert sich am Navigationsgerät zu orientieren. Den ersten Anzeichen von Kopfschmerzen setzte er einen kräftigen Schluck Wodka entgegen. Natürlich gab es weit und breit keinen passablen Parkplatz in der Nähe der Demonstration, dort, wo er seine Tochter vermutete. Aber vielleicht war sie auch schon im Gefängnis oder im Krankenhaus. Unweit der Luisenstraße stellte er schließlich seinen Wagen ab und lief Richtung Brandenburger Tor. Er war nicht weit gekommen, als seine Augen anfingen zu brennen. Und was war das für ein Geruch? Er stolperte über einen Bordstein und konnte sich gerade noch fangen. Um ihn herum waren plötzlich wild schreiende Leute. Allem Anschein nach war er mitten in der Demonstration gelandet. Und hier lief etwas gerade ziemlich aus dem Ruder. Nur wenige Meter weiter vorne konnte er beobachten, wie Polizisten auf die Protestierer in der vorderen Reihe einschlugen. Wer nicht sofort zurückwich, wurde grob abgeführt und im Mannschaftswagen festgesetzt. Tränengas waberte in der Luft. Roberts Augen brannten, seine Nase triefte, und er musste husten. Halbblind und orientierungslos zwischen dem Lärm aus Geschrei und Sirenengeheul wurde ihm übel und schwindelig. Eine Gruppe von Demonstranten passierte ihn und streifte ihn mit verächtlichen Blicken. Die Parolen, die sie schrien, kannte er aus unzähligen Videos und Postings seiner Facebook-Gruppe. Seit einem Jahr hatte er fast jede Nacht, während er sich um die Berge von Rechnungen auf seinem Tisch drückte, die Klimaskeptiker-Szene beobachtet und den großen Schwindel der Mächtigen verfolgt und sich mehr und mehr zugehörig gefühlt. Was für ein Schwachsinn, Leute wie ihn und alle, die die Flüchtlingswelle, die Corona-Maßnahmen und die Klimahysterie hinterfragten, als Verschwörungstheoretiker, Querdenker und Rechte abzustempeln. Nun war er plötzlich mittendrin, aber er war seit einer Ewigkeit nicht in einer Stadt gewesen. Zu laut, zu dreckig. Er fühlte sich wohler in Lentzke oder in Nordfriesland. Es reichte ihm, von dort aus zu beobachten, was sich im Land und in der Welt tat. Alles, was er im Netz an Informationen fand, erschien ihm vollkommen plausibel: Das große Erwachen fand dort statt, denn in den einschlägigen Foren konnten die Mainstreammedien, die Lügenpresse, nicht verhindern, dass die Menschen die Wahrheit, die Hintergründe erfuhren darüber, wie ein System aus Angst durch künstlich erzeugte Krisen die Menschen unterdrücken sollte. So macht man das eben in den sogenannten Demokratien. Tagtäglich wurden die Menschen im Fernsehen und in den Zeitungen mit den Lügen der Mächtigen manipuliert. Kein Wunder, gingen die Leute jetzt auf die Straße, und es wurden jeden Tag mehr. Nach der Pandemie folgte nun die Klimadiktatur, und wieder war es das Gesundheitssystem, das aufgrund der vielen Menschen, die in der Hitze kollabierten, angeblich am Rande des Zusammenbruchs stand. Erst letzte Woche hatte ihm ein Bekannter erzählt, dass er wegen einer Schnittwunde ins Krankenhaus gemusst hatte, und da sei alles ruhig gewesen. Nachdem die Mächtigen erst das Finanzsystem und dann die ganze Welt in wenige Machtblöcke aufgeteilt hatten, würde man ihm und all den anderen kleinen Leuten, die gerade erst die Pandemie durchlitten hatten, nun im Namen des Klimawandels ihre letzten Freiheiten und Besitztümer nehmen. Für die Rettung der Banken war unendlich viel Geld da, aber das Sozialsystem und die Bedingungen für echte Arbeitende wie ihn wurden mit jedem Jahr miserabler. Und sein eigener Bruder war Teil dieser Verschwörerbande!

Der Lärm um Robert herum wurde unerträglich, und die Sonne brannte quälend. All das Geschrei und der Tumult waren ihm, der ein Leben in dörflicher Ruhe gewohnt war, fremd. Seine vom Tränengas gereizten Augen waren dick angeschwollen, alles um ihn herum verschwamm. Dass er kaum noch sehen und laufen konnte, kümmerte niemanden in der Menge, jeder war mit sich selbst beschäftigt. Robert fühlte sich hilflos und verloren, und helle Panik stieg in ihm auf. Nur weg hier, nichts wie raus aus diesem Hexenkessel!

Kurze Zeit später erreichte er eine Seitenstraße, wo es sogar etwas Schatten gab. Zahlreiche junge Leute hatten sich bereits hier, fernab des schlimmsten Trubels, versammelt. Robert rieb sich die Augen und auf den zweiten Blick sah er, dass die jungen Menschen in Kleidung und Aufmachung Janne und Tobias glichen. Er wankte auf eine Gruppe zu und spürte, dass ihn seine Beine vor lauter Schwindel nicht mehr lange tragen würden. Er setzte sich auf den Boden an eine Hausmauer. Ein junger Mann hatte seinen Laptop geöffnet, seine Bluetooth-Boxen versorgten die ganze Straße mit Musik. Doch plötzlich endete die Musik, und stattdessen hörte Robert – als wäre er im falschen Film – die Stimme seines Bruders. Um ihn herum wurde es plötzlich ruhig, und gebannt warteten die Demonstranten auf die Worte Tom Beyers, des Mannes, der in ihren Augen wie kein anderer wusste, wovon er sprach. Der, von dessen wissenschaftlich untermauerten Warnungen sie hofften, dass sie endlich auch die ewig Uninteressierten und Unbelehrbaren erreichen würden.

Ein junger Mann blickte Robert an und nahm sofort seine Wasserflasche und hielt sie ihm hin.

»Kommen Sie, trinken Sie was. Sie sehen ja völlig fertig aus. Ihr Alten solltet nicht auf der Straße sein.«

Robert trank gierig. Mit zittrigen Fingern fischte er sein Smartphone aus der Hosentasche, suchte ein Foto von Janne und zeigte es dem jungen Mann.

»Hast du die irgendwo hier gesehen?«

Der junge Mann schaute ihn erst fragend, dann lachend an. »Also ich kenne sie, aber gesehen habe ich sie noch nicht. Was willst du denn von der?«

»Sie hier rausholen!«

»Okay, und wer bist du?«

»Ihr Vater!«

»Hey, Leute«, der junge Mann drehte sich zu seinen Freunden, »das ist Jannes Vater, weiß jemand, wo sie ist?«

Zu Roberts Verwunderung reagierten die Jugendlichen mit lautem Johlen und Klatschen. Eine Antwort bekam er nicht, doch nun wusste er, dass Janne in der Szene bekannt war, weitaus bekannter, als er wusste. Dann sagte jemand: »Ruhe!«

Kapitel 21

Tom war sich bewusst, dass er den Medienvertretern einiges zumutete, und die fassungslosen Gesichter deuteten an, dass es zu viel wurde. Doch die plötzliche Unruhe im Saal hatte einen anderen Grund. Gunnar schob vorsichtig sein Smartphone zu Tom. In der Friedrichstraße Ecke Dorotheenstraße wurde mit einem Großaufgebot der Feuerwehr der Brand eines Bürogebäudes bekämpft, derzeit würden weitere Kräfte herangezogen, um in dieser Trockenheit das Übergreifen der Flammen auf benachbarte Gebäude zu verhindern. Tom schüttelte den Kopf und schob das Smartphone wieder weg:

Meine Damen und Herren, vor zwanzig Jahren wunderte sich die Harvard-Wissenschaftshistorikerin Naomi Oreskes, dass zahlreiche Medien den menschengemachten Klimawandel leugneten. Schon damals zweifelte hingegen kein seriöser Wissenschaftler an der Brisanz der Entwicklung, das konnte sie mit über 1000 Studien belegen. Der Lohn für Naomis Arbeit waren Hassmails und Morddrohungen. Auch deutsche Redaktionen veröffentlichen bis heute wissenschaftlich nicht belegbare Behauptungen – und gießen damit Wasser auf die Mühlen der Klimaquerdenker. Und wenn sie schon den Klimawandel nicht leugnen, dann leugnen sie immerhin noch dessen Konsequenzen. Dabei ist die Ursache der

Klimaerwärmung bereits damit belegt, dass wir die Energiebilanz unseres Planeten messen können. Und diese Bilanz ist so verheerend, dass wir nun in der Tat von einem Notstand sprechen müssen.

Nun möchte ich noch einmal die wichtigsten Punkte zusammenfassen, damit es plastischer wird und wirklich jeder versteht, vor welchen Konsequenzen wir stehen.

Das Chapter 1 unserer Veröffentlichung beschreibt die Wohlstands- und Konsumwende. Das bedeutet, dass Lebensstile verändert werden müssen und Wohlstand neu definiert werden muss. Das ist das wichtigste Chapter, da sich ein radikal neues Verhalten unmittelbar auf alle anderen Punkte auswirken wird. Künftiger Wohlstand kann weltweit nur noch die Erfüllung der Grundbedürfnisse Nahrung, Kleidung, Wohnen, Gesundheit, Bildung sowie soziale und persönliche Entwicklung bedeuten. Und das alles nur, wenn gewährleistet ist, dass dabei die planetaren Grenzen nicht überschritten werden. Sie können das im Detail alles nachlesen oder sich an den Berichten des IPCC sowie des Wuppertal Instituts für Klima, Umwelt und Energie orientieren.

Das Chapter 2 beschreibt die Energiewende, die weltweit konsequent – auch unter drastischen Einsparungen – weiter umgesetzt werden muss.

Das Chapter 3 beschreibt die Kreislaufwirtschaft, die nur gelingt, wenn jeder Mensch seinen Verbrauch an Ressourcen um das Fünffache reduziert.

Das Chapter 4 beschreibt die Mobilitätswende. In der Pandemie haben wir gesehen, welches Potenzial alleine das Arbeiten aus dem Homeoffice hat, aber auch hier bieten sich zahlreiche weiterführende Lösungen an.

Das Chapter 5 beschreibt die Ernährungswende. Die Landwirtschaft spielt im Kontext der Transformation eine zentrale Rolle. Rund 70 Prozent der landwirtschaftlichen Flächen werden für die Versorgung von Nutztieren verwendet. Diese Flächen werden unabwendbar für die Wiederaufforstung benötigt, weshalb wir eine Ernährungswende einleiten müssen. Die wird uns ganz nebenbei auch ein gesünderes Leben ermöglichen, auch wenn das kulturell eine der größten Herausforderungen sein mag.

Das Chapter 6 beschreibt die urbane Wende. Meine Damen und Herren, bald werden 80 Prozent der Menschen in den Metropolen leben. Das ist Problem und Chance zugleich, denn wir haben alle Konzepte, um diese Metropolen so zu organisieren, dass sie sich selbst versorgen können, und Konzepte, um das Mikroklima einer Stadt auf den Klimawandel einzustellen.

Chapter 7 schließlich formuliert die industrielle Wende. Die energieintensivsten Grundstoffindustrien sind für 20 Prozent der Emissionen verantwortlich. Die Zukunft dieser für unsere Zivilisation so tragenden Säule wird in einem Schulterschluss von technologischer Innovation und politischer Rahmensetzung liegen.

Am Ende des Tages werden alle hier angerissenen Maßnahmen einen kalkulierten Wohlstandsverlust bedeuten, der einhergeht mit einem spürbaren Rückbau von Produktion und Konsum. Ich möchte das mit ein paar Beispielen illustrieren:

Die überregionale Reisefreiheit und der Massentourismus müssen enden. Die Wirtschaft wird auf ein globales Recyclingkonzept verpflichtet. Nahrung wird nur noch regional produziert und der Lebensmittelexport – bis auf Hilfslieferungen in Katastrophengebiete – international eingeschränkt. Die Fleischproduktion und damit die Massentierhaltung werden massiv eingeschränkt. Die gesamte Landwirtschaft wird auf kleinere Einheiten und lokale Produktion reduziert, um Flächen für Wiederaufforstung und Lebensraum für die Tierwelt freizusetzen. Schutzgebiete werden ausgeweitet. Die Förderung fossiler Brennstoffe wird bis auf wenige Ausnahmen – z. B. zur Produktion von medizinischen Produkten und anderen Grundstoffen – beendet.

Meine Damen und Herren, wir können heute nicht alles vortragen, aber all diese Lösungen werden nicht in einer fiktiven fernen Zukunft liegen. Nein, die Wissenschaft, die kreativen Ingenieure und viele Bereiche der zivilen Gesellschaft haben diese Handlungsansätze längst erarbeitet. Verzicht muss keine Schmerzen bereiten, wenn man sich endlich klarmacht, dass es so nicht weitergeht. Verzicht bedeutet in Wirklichkeit die Aussicht auf eine lebenswertere Zukunft.

Hier stand ein Reporter in der zweiten Reihe auf und schrie Tom an. »Was Sie hier veranstalten, ist Pappe. Sie wollen uns die freie Wirtschaft nehmen? Das ist Planwirtschaft der schlimmsten Sorte. Wie kommen Sie dazu, zu behaupten, Sie könnten das Problem nur so lösen.«

Während der Journalist sich in Rage redete, wanderten Toms Gedanken zu Lil. Wie froh würde er sein, wenn dies hier durchgestanden wäre und er sie endlich anrufen könnte. Er zwang sich zurück ins Hier und Jetzt, alle Augen waren auf ihn gerichtet, es ging darum, die richtige Antwort zu formulieren. Plötzlich wurde ihm schwarz vor Augen, sein Hirn war leer. Er bohrte seinen Stift so fest auf seinen Notizblock, bis er laut hörbar vor dem Mikrofon zerbrach. Dann verlor er die Fassung. »Welchen Teil von ›so geht es nicht weiter‹ verstehen Sie nicht? Haben Sie denn auch nur einen ideologiebefreiten Wissenschaftler in Ihrer Redaktion?«, brüllte Tom den Mann an. Er ahnte schon, aus welchem Stall der kam. Tom spürte plötzlich einen abgrundtiefen Hass. Der angestaute Frust aus über dreißig Jahren verzweifelter Versuche, Journalisten, Politkern und Lobbyisten den Ernst der Lage klarzumachen, breitete sich wie giftige Tinte in seinen Adern aus. Alles in ihm schrie danach, diesem Schmierfinken mit einem gezielten Faustschlag eins in die Fresse zu hauen. Für einen Moment hatte er vergessen, dass diese Konferenz in fast alle Länder übertragen wurde.

Doch der Mann schien zu spüren, dass er von seinen Kollegen im Saal alles andere als Unterstützung bekam. Mit rotem Kopf stapfte er zum Ausgang.

Tom riss sich zusammen und merkte an: »Ihr Kollege hätte bleiben sollen, denn leider ist das, was ich bis hier vorgetragen habe, längst noch nicht alles. Ein Grundpfeiler des Phönix-Programms bedient sich der Technologien des Climate Engineering. Darunter verstehen wir die ganze Bandbreite von Verfahren, die der Atmosphäre aktiv CO_2 entziehen bis hin zum Strahlungsmanagement. Näheres dazu wird Ihnen gleich mein Kollege erklären.

Ein letztes Wort noch. Wir sind an einem Punkt, an dem den Vereinten Nationen und dem UN-Sicherheitsrat eine entscheidende Rolle zukommt. Die Veranstaltung weiterer Klimakonferenzen erscheint mir sinnlos angesichts der politischen Weigerung, diese größte Krise der Menschheitsgeschichte anzugehen. Ich kann nur alle Forscher dazu auffordern, ihre Kräfte zu bündeln und sich Unterstützung direkt aus der Zivilgesellschaft zu holen. Die Lage ist zu brisant, als dass wir sie – egal in welchem politischen System – inkompetenten und lobbyhörigen Entscheidungsträger überlassen können. Nationen, die sich weiter verweigern, müssen wirtschaftlich und politisch isoliert werden. Die Staaten, die den neuen Weg nachhaltigen Wirtschaftens wirklich wollen, müssen einen neuen Wirtschaftsraum schaffen und Staaten, die das nicht wollen, ausgrenzen, damit sie uns nicht mit ihren dreckigen und zu billigen Produkten überschwemmen.

Schließlich gilt es, vierzig Jahre des Versagens aufzuholen. Das kann nicht gelingen, solange in den Staaten der Welt die verantwortungsbewussten und entschlussbereiten Persönlichkeiten fehlen, die es wagen, endlich die nötigen Schritte zu gehen. Wir müssen den Menschen klarmachen, dass sie sich um neue Regierungen bemühen müssen, die ihre Befugnisse zum langfristigen Wohle der Menschen ihres Landes einsetzen, anstatt panisch auf die nächste Wiederwahl zu schielen. Vielleicht darf ich darauf hinweisen, dass jeder Staat – und das vollkommen unabhängig vom jeweiligen politischen System – nur einen wesentlichen Zweck und eine einzige Legitimation hat: den Schutz seiner Bürger. Hier versagen gerade alle auf ganzer Linie.

Wirtschaftswissenschaftler haben alle notwendigen Konzepte für ein globales System, das Arbeit und Produktion neu definiert, eine Wirtschaft implementiert, die die Grundbedürfnisse abdeckt, um genau die sozialen Konflikte und Nöte zu vermeiden, die von schwarzmalerischen Populisten angeführt werden, um ihre Macht zu sichern, während der Planet weiter stirbt. Ein Großteil der bisherigen Erwerbsarbeitsplätze wird umgestellt werden müssen auf die Regeneration des gesamten ökologischen Systems.

Und meine Damen und Herren, noch etwas: Vergessen Sie das 1,5-Grad-Ziel. Die vorherrschende Meinung scheint ja zu sein, entweder wir erreichen dieses Ziel, oder es ist eh für alles zu spät. So ist es aber nicht. Wenn wir die 1,5 Grad nicht erreichen, sind 1,8 Grad immer noch besser als 3,2. Wenn wir so weitermachen wie jetzt, werden es mindestens 3,2 Grad. Das bedeutet: Trockenheit in Zentral- und Südeuropa, Überflutung von Städten in Küsten- und Flussnähe, Missernten, Todes- und Krankheitsfälle durch Hitzewellen, riesige Flüchtlingswellen und weitere Kriege um Wasser und Ressourcen. Das muss jetzt in die Köpfe. Nicht morgen. Nein, hier und heute!

Und wenn wir über all das hinaus fordern, dass Teile der Pandemiemaßnahmen beibehalten werden sollten, werden Sie mich zu Recht kritisieren. Sie werden anführen, dass Politik und Verwaltung ja nicht einmal die einfachsten Corona-Verordnungen hinbekommen haben. Und jetzt sollen genau die dieses viel komplexere Vorhaben stemmen? Ja, das müssen sie, aber gemeinsam mit uns allen. Wenn wir weiter zögern, werden Einschränkungen, wie wir sie im ersten Pandemiejahr erlebt haben, zum Dauerzustand. Berlin hatte ja gerade einen Vorgeschmack davon, und die Zahl der Hitzetoten steigt in diesem Land heute, und nicht erst morgen!«

Kapitel 22

BERLIN – 44,5 GRAD

Der junge Mann, der Robert am Straßenrand mit Trinkwasser versorgte, hörte wie alle anderen in der Straße den Worten des Redners wie gebannt zu. Der Lärm aus den umliegenden Straßen verpuffte für einen Moment.

Robert kochte innerlich vor Wut, sein Versuch aufzustehen scheiterte, ihm lief aus allen Poren der Schweiß. Dass bei dieser komischen Pressekonferenz, die alle übers Internet verfolgten, nun ein weiterer Wissenschaftler Dinge ankündigte, die die Klimaleugner als Instrumente der Weltenzerstörung bezeichneten, machte Robert stutzig. Es gab Gerüchte, dass sich die Eliten längst unterirdische Städte und Bunker hatten bauen lassen für den Fall, dass sich die Experimente mit unserem Planeten als Irrtum herausstellen würden. Er rutschte etwas näher an den Laptop mit der Übertragung.

»Mann, Alter, du stinkst nach Alkohol«, sagte ein junger Mann neben ihm.

»Soll vorkommen«, sagte Robert und nahm wahr, wie sich hinter ihm zwei Frauen über Geoengineering unterhielten.

»Die haben doch recht. Geoengineering ist ein enormes Risiko, wenn wir an einem komplexen System herumbasteln, das wir nicht vollständig verstehen.«

Die andere schüttelte den Kopf.

»Er hat ja auch nicht gesagt, dass sie es einfach so machen wollen, sondern dass sie Methoden dazu erforschen wollen, falls keine andere Wahl bleibt«, konterte die andere.

Für einen Moment dachte Robert, dass Tom wohl in einem einzigen Punkt recht hatte. Bauern hatten über viele Jahrhunderte immer wieder mit Klimaveränderungen zu kämpfen, und sie hatten sich schon immer angepasst. Vor ein paar Wochen hatte er über ein Projekt in Kenia gehört, das auch den deutschen Bauern helfen sollte, mit den immer gravierenderen Dürren umzugehen. In Kenia wurden die Bauern bei der Planung ihrer Aussaat beraten. Erst wenn der Wetterdienst Regen voraussagte, wurden die Felder bestellt. So gelangte das wertvolle Saatgut erst dann in den Boden, wenn es wirklich regnen würde, um das Keimen zu ermöglichen.

»Geoengineering ist kompletter Wahnsinn, dann können wir den Planeten gleich in die Luft sprengen«, sagte Robert, indem er sich zu den Diskutierenden hinter ihm umdrehte. Er erntete spöttische Kommentare.

»Na, sind wir Klimawissenschaftler oder was?«

»Nur ein Landwirt, der dir dein Essen auf den Tisch bringt, du kleiner Spinner!«

Der andere junge Mann knuffte seinen Kumpel in die Seite und nahm sich Robert vor.

»Wir haben heute fast 48 Grad. Kannst du von dir behaupten, du würdest jetzt noch auf dem Feld arbeiten können? Schon ab 35 Grad fällt es den meisten Menschen schwer, auch nur den einfachsten Arbeiten nachzugehen«, sagte der junge Mann. »Überhaupt eine Ahnung, wie viele Leute in den letzten Tagen gestorben sind?«

»Hey, Ruhe jetzt, ich will das hören!«

Robert sah auf dem Laptop gerade, wie sein Bruder den Kopf gesenkt den Worten des Propheten des Schreckens neben ihm zuhörte.

»Geoengineering ist zu riskant, um es jemals auszuprobieren«, murmelte Robert und stand auf. Als ihm wieder schwindelig wurde, lehnte er sich an die Wand und durch den Wahrnehmungsnebel hörte er weiter die Stimme aus den Boxen:

Meine Damen und Herren, natürlich ist eine gezielte Beeinflussung des Klimasystems mit großen Unsicherheiten behaftet. Unklar ist bis heute, welches Potenzial die Methoden haben, welche Nebenwirkungen zu befürchten sind und wer haftet, wenn es zu unvorhergesehenen Schäden kommt. Es gibt auch bisher keine konkreten Pläne, wie eine solche CO_2-Entnahme umgesetzt werden sollte. Aber wir haben vielversprechende Pilotprojekte. Darüber hinaus werden in der Wissenschaft auch Maßnahmen diskutiert, wie wir den Strahlungshaushalt der Erde regulieren können, um die Temperaturziele bei einem Scheitern der natürlichen CO_2-Reduktion zu erreichen. Solange wir von den Klimazielen so weit entfernt sind wie jetzt, müssen wir uns umgehend auch mit anderen Optionen auseinandersetzen, damit wir uns im Fall des Falles faktenbasiert und gut informiert für oder gegen einen Einsatz von Geoengineering entscheiden können. Und deswegen müssen wir mit der Erforschung sofort beginnen. Die vielversprechendsten Optionen sind die Methoden, die der Erdatmosphäre direkt das CO_2 entziehen, die sogenannten CDR-Methoden. RM-Maßnahmen, also Strahlenmanagement wie zum Beispiel das Ausbringen von Aerosolen in die Atmosphäre, bekämpfen hingegen lediglich das Symptom der Erderwärmung. Beide Methoden sind nur wirksam, wenn sie in sehr großem Maßstab eingesetzt werden. Das Ausbringen von Aerosolen in die Atmosphäre, künstliche Wolkenbildung, die Düngung der Weltmeere, die Speicherung von Kohlenstoffdioxid in Basaltgestein und andere Methoden sind bestenfalls in kleinen Feldexperimenten getestet worden. Die Politik hatte auch hier wieder Angst, ein unpopuläres Thema anzufassen, anstatt einen öffentlichen Diskurs über Climate Engineering anzu-

regen. Wir müssen jetzt – und zwar wirklich, wie mein Kollege betont, nicht morgen, sondern jetzt – eine öffentliche Diskussion über die Vor- und Nachteile verschiedener Methoden führen und sie angehen. Die Wissenschaft unterstützt Sie alle dabei, eine kollektive Entscheidung für oder gegen den Einsatz der Methoden fällen zu können. Das Thema gehört sofort auf die politische Agenda, und zwar bis hinein in den Weltsicherheitsrat. Die Erforschung der verschiedenen Methoden und Möglichkeiten einer Anwendung von Climate Engineering ist von größter Relevanz, vollkommen unabhängig davon, ob diese Methoden künftig tatsächlich eingesetzt werden oder nicht.

Lassen Sie mich zum Abschluss noch deutlich sagen, dass es Kollegen gibt, die der Ansicht sind, dass Geoengineering zu riskant ist, um es jemals auszuprobieren. Aus welchem Grund? Nicht etwa, weil es Schäden anrichten könnte. Nein, die Option erfolgreichen Geoengineerings ist eine moralisch notwendige Ergänzung zu anderen wirklich drastischen Klimaschutzmaßnahmen. Aber manche Kollegen befürchten zu Recht, dass diese Option dazu führen würde, einen echten Systemwandel zu vermeiden. Das darf auf keinen Fall passieren, denn in der Tat sind derartige Eingriffe nur der letzte Ausweg und keine nachhaltige Lösung des Problems. Aber wir haben es in der Hand, und ich bin überzeugt, dass wir diese Krise bewältigen, wenn wir es jetzt weltweit angehen. Ich danke Ihnen für Ihre Aufmerksamkeit.

Kapitel 23

BERLIN – HAUS DER BUNDESPRESSEKONFERENZ – 45 GRAD

Die Nachricht, dass sich in nur einem guten Kilometer Luftlinie ein Häuserbrand breitmachte, sorgte dafür, dass viele Journalisten zügig den Raum verließen. Andere hielten sich nicht an die Ansage, dass zum jetzigen Zeitpunkt keine weiteren Fragen mehr beantwortet werden sollten, und stürmten zum Rednerpult. Freundlich, aber bestimmt wurden sie von der Security daran gehindert, Tom und Gunnar zu nahe zu kommen. Unter Blitzlichtgewitter und aufgeregten »Hallo, noch eine Frage«-Rufen konnten die beiden sich in ein Büro zurückziehen. Während Gunnar fragte, wie sich so ein Brand wohl bei der Hitze auswirken würde, trieb Tom ein ganz anderer Gedanke um.

»Ich komme gleich«, sagte Tom, klopfte Gunnar auf die Schulter und ging in einen Nebenraum. Er nahm sein Smartphone und zögerte einen Moment. Was sollte er sagen? Ein Blick auf die Uhr. In New York war es kurz vor acht. Er wusste, Lil hatte die Angewohnheit, ihren Tag um sechs zu beginnen. Ein Glas warmes Wasser oder Tee und dann über die Columbus Avenue eine halbe Stunde zum Joggen in den Central Park, dann eine Dusche und ab ins Büro. Ihre kleine Wohnung in einem der für New York typischen Brownstone Houses war eine Zeit lang seine einzige Kraftquelle. Die Sorgen mit Lisa, mit Mareike, der Welt, der Arbeit blieben draußen. Einfach alles in den Stunden, die sie füreinander hatten, war reinste Medizin. Er wusste, dass das nicht für immer sein würde. Auch wenn es Lil gewesen war, die ihn nach einem wunderschönen Sommerabend im Park zu sich mit nach Hause genommen hatte. Nach der ersten Nacht hatte sie klipp und klar gesagt, dass sie keine Beziehung wollte, dass sie kein Problem damit habe, dass es Toms Frau Lisa gäbe, und dass sie nicht eifersüchtig sei, weil sie sich noch nie vorstellen konnte, nur auf einen Mann festgelegt zu sein. Tom erinnerte sich noch, wie er hin- und hergerissen war und spürte, dass er sich seiner Sehnsucht nach dieser wunderbaren Frau, nach ihrer wohltuenden Nähe, hingab, obwohl er wusste, dass der Tag kommen würde, an dem Lil weiterziehen und er zurückbleiben würde und dass ihm das verdammt wehtun würde. Es dauerte Wochen, bis er damit ins Reine kam, und noch länger, bis er ihre Distanz ertrug, und doch schälte sich aus alldem Schritt für Schritt eine tiefe, platonische Liebe heraus. Und heute hätte er gar nicht mehr sagen können, was eigentlich einen höheren Wert hatte. Woher sollte er denn wissen, ob sich diese Liebe nach ein paar Jahren nicht genauso abnutzen würde, wie es mit der zu Lisa geschehen war. Nur eines hatte er Lil nie gesagt, auch um ihr kein schlechtes Gewissen zu machen: Ihre leidenschaftliche und innige Affäre hatte es ihm emotional unmöglich gemacht, einfach so, wie Lil es sich eigentlich wünschte, zu seiner Frau zurückzukehren. Nicht zuletzt auch deswegen, weil er mit Lil eine Seelenverwandte gefunden hatte, eine Verbündete im Kampf gegen den Klimawandel, der ihrer beider großes Lebensthema war. Nun, nachdem er Lil beinahe durch einen feigen Anschlag verloren hatte, wurde ihm klar, wie sehr er sie immer noch liebte. Und dabei spielte es keine Rolle mehr, in welcher Form sie zusammen waren. Selbst über Tausende Kilometer Entfernung war sie ihm näher als irgendjemand anderes auf der Welt. Tom musste sich immer wieder zusammenreißen, sie nicht damit zu behelligen. Lieber gab er sich mit diesem ganz kleinen Teil von ihr zufrieden, als sie ganz zu verlieren.

Er atmete tief durch. Der Durchwahlton klang ungewohnt, wie in alten Zeiten auf dem Festnetz.

»Ha, mein Held! Ihr habt das hervorragend gemacht. Ich hoffe aber, du hast eine gute Security«, sagte Lil mit kräftiger und lebensfroher Stimme.

»Jetzt hab ich mich erschreckt. Du klingst, als wärest du gerade vom Joggen gekommen und nicht aus dem Krankenhaus.«

»Das noch nicht, und Kopfschmerzen hab ich auch noch, aber es geht. Ich werde morgen entlassen. Wie kamt ihr eigentlich jetzt plötzlich dazu, die Katze aus dem Sack zu lassen? Ich meine, bist du dir schon darüber im Klaren, was jetzt passiert? Du kannst doch nicht einfach zu einem Boykott aufrufen. Obwohl ich persönlich die Idee wirklich genial finde. Ich bin stolz auf dich! Das ist ja überhaupt nicht mehr der strenge und beherrschte Tom, den ich seit Jahren kenne.«

Tom grinste innerlich. Eine riesige Last fiel von ihm ab. Er wusste, dass Lil tapfer war, aber er hatte nicht diese gut gelaunte Stimmung erwartet.

»Das, was dir geschehen ist, hat das Fass nicht nur bei mir zum Überlaufen gebracht. Wenigstens haben sie den Täter. Und ich bleibe optimistisch und glaube daran, dass sich die menschliche Zivilisation weiterentwickeln wird. Die Zivilbevölkerung ist jetzt der einzige Motor, der den Wandel beschleunigen kann.«

Tom hörte nur ein leises Kichern. »Jawohl, Herr Professor. Aber ist das dein Leben wert? Lernst du irgendwann dazu?«

»Und du selbst, meine Liebe? Du solltest über das, was dir passiert ist, nicht einfach hinweggehen.«

»Das mache ich auch nicht. Du träumst, Tom. Diese Welt ist in meinen Augen nicht mehr regierbar. Mir reicht es jedenfalls, ich bin raus.«

Diese Stimmlage kannte Tom. Wenn sie jetzt vor ihm stünde, wären ihre Lippen etwas schmaler als sonst.

»Du hast gekündigt?«

»Das war das Erste, was ich gemacht habe, sobald ich wieder klar denken konnte, und es fühlt sich so was von gut an«, sagte Lil und lachte. »Nein, ehrlich, das ist meine Art, das Trauma zu überwinden, dass irgend so ein Arschloch mich einfach so aus dem Nichts zusammengeschlagen hat.«

Tom spürte ein kurzes Unwohlsein und rieb sich die Wange.

»Hast du jemanden kennengelernt, einen Scheich oder so? Wovon willst du leben?«

»Wieso müssen Männer immer glauben, dass radikale Entscheidungen von Frauen etwas mit einem Mann zu tun haben? Wir drehen uns im Kreis, ich hab dir jetzt oft genug gesagt, dass du noch ein wenig leben solltest.«

»Ich ziehe diese Kampagne noch durch. Und dann hab ich noch ein anderes Problem zu lösen, aber …«

»Es gibt in deinem Leben noch andere Probleme, als die Welt zu retten?«

»Ich muss meinem Bruder helfen, einem versoffenen Klimaleugner, der sein Leben ruiniert hat. Aber er hat eine zauberhafte und tapfere Tochter, die genau den Kämpfergeist hat, den die kommende Generation braucht.«

Einen Moment lang war es still in der Leitung. Im Flur hörte Tom Stimmen näher kommen. Gunnar öffnete leise die Tür und bedeutete ihm mit der Hand, rüber ins Büro zu kommen. Tom schüttelte den Kopf.

»Lil? Hörst du mich noch?«

»Du hast mir nie viel von deinem Bruder erzählt. Egal, du wirst schon wissen, was du tust. Jedenfalls fände ich es schön, dich möglichst bald zu sehen.«

Wieder kam Gunnar rein und machte ein genervtes Gesicht. Tom wedelte ihn mir der Hand hinaus.

»Nach dem, was dir passiert ist, hatte ich kaum eine ruhige Nacht. Ich schätze, ich kann kommende Woche endlich nach New York kommen, dann dürfte sich der größte Trubel gelegt haben.«

»Hast du die letzten Daten vom amerikanischen Wetterdienst gesehen? New York wird die Hölle. Ich fahre morgen zu meiner Mutter nach Montreal, da ist es kühler. Aber wenn du magst, fühle dich herzlich eingeladen, wir haben auch ein Gästehaus«, erklärte Lil und sprach über die neuesten Daten und dass dieses Jahr für viele Menschen die Hitze eine Dimension annehmen würde, die alles Bisherige in den Schatten stellen würde.

»Lil, ich komme, versprochen. Mein isländischer Freund rückt mir gerade auf die Pelle und braucht mich. Ich rufe dich an, wenn ich Genaueres sagen kann, okay? Ich habe noch sechs Wochen Urlaub offen, und wer weiß, vielleicht bin ich jetzt sowieso meinen Job los.«

»Was ist mit deiner Frau und deiner Tochter?«

Sie konnte es nicht lassen, dachte Tom. Obwohl es ihr angeblich egal war, war sie doch immer wieder darauf bedacht, dass er diesen Konflikt für sich löste. Tom atmete hörbar tief aus.

»Schon gut, Tom. Du weißt …«

»Nein, nein, ist schon in Ordnung. Was mache ich mit einer Frau, die ich seelisch nicht mehr erreichen kann, die jeden Wandel als persönliche Bedrohung empfindet, die mit allem hadert und sich trotzdem wünscht, dass doch bitte alles so bleibt, wie es war?«

»Ist schon gut, ich frag dich das nicht mehr. Es wird alles gerade sehr unberechenbar«, sagte Lil mit trauriger Stimme. »Aber ich freu mich auf dich und eine Zeit ohne Dramen.«

»So machen wir das. Ciao meine Liebe, take care.«

»Pass auf dich auf.«

Tom ging in das Büro nebenan. Gunnar, der vor den Daten des Deutschen Wetterdienstes saß, war flankiert von zwei Polizisten.

»Was zum Teufel ist los?«

Bevor Gunnar antworten konnte, trat einer der Polizisten vor.

»Sie haben uns ganz schön ins Schwitzen gebracht. Aufgebrachte Demonstranten versuchen das Haus zu stürmen, und wir bringen Sie besser in Sicherheit, Herr Beyer!«

»Das ist das Haus der Bundespressekonferenz«, erwiderte Tom gefasst.

»Ja genau, und es ist nicht so gut gesichert wie das Kapitol«, sagte Gunnar und zeigte auf die Karte. »Wir haben in Thüringen mit 48,5 Grad nicht nur einen neuen Hitzerekord, sondern bundesweit Brände, die ausarten. Der Wind geht in Orkanstärke über. Tom, du hast diesen Tag nicht zufällig ausgewählt. Wusstest du etwa mehr als ich?«

Tom schaute sich die Nachrichten an. Brände in Bayern, Thüringen, Sachsen, Nordrhein-Westfalen – und aus dem Süden Europas kamen ähnliche Nachrichten. Tom schrieb Mareike eine Nachricht, dass er am Abend wieder nach Lentzke kommen würde und sie Berlin meiden solle.

»Wie bitte? Natürlich nicht, aber dass die Großwetterlage das Potenzial hat, wissen wir seit Wochen. Was ist mit dem Brand hier in Berlin, welche Ausmaße kann das annehmen?«

Gunnar stöhnte laut und reckte sich.

»Ich bin kein Feuerökologe. Aber ich würde sagen, das kommt ganz darauf an. Wenn wir davon ausgehen, dass die üblichen Sicherheitsstandards eingehalten wurden, dann dürfte ein Punktfeuer kontrollierbar sein. Aber der Wind macht mir Sorgen, und wenn dann noch genug entflammbare Wärmedämmung unserer Energiesparhäuser dazukommt, na dann halleluja!«

Tom blickte Gunnar an, und in dem Wissen, dass besonders Brandenburg, Thüringen, ja im Grunde der gesamte Osten Deutschlands die trockenste Region war und der Hof seines Bruders mittendrin lag, dachte er an die Warnungen des Feuerökologen aus der Zeitung, die er auf dem Weg nach Frankfurt gelesen hatte.

»Tu mir den Gefallen und schau dir das genauer an.«

»Und was hast du vor?«, fragte Gunnar.

Tom griff sich seine Tasche vom Tisch. »Ich hab etwas Familiäres zu klären. Wir sehen uns morgen im Institut, und dann werden wir noch genug Arbeit haben.«

Kapitel 24

Jochen Zack, Chefredakteur der einflussreichsten deutschen Boulevardzeitung, setzte seine Brille ab, rieb sich den Bart und herrschte seinen jungen Redakteur an, er solle gefälligst tun, was ihm aufgetragen würde.

»Ich will alles über Beyer und diesen Wikinger wissen. Ruf Jörg in New York an, er soll sich um Leute kümmern, die ihn aus seiner Zeit im Klimarat kennen. Wer sind seine Freunde und Feinde, Affären, Schulden, Süchte was auch immer. Und er soll den Präsidenten des Klimarates mit dem Wahnsinn konfrontieren. Dann fasst du mir die PK zusammen. Headline: Dieser Mann zerstört deine Zukunft. Ich will in einer Stunde damit raus. Kommentar schreib ich. Also los geht's!«

»Was ist mit dem Brand?«, entgegnete der Redakteur.

»Siehst du es hier irgendwo brennen?« Zack pochte mit dem Zeigefinger auf den Bildschirm mit dem Bild von Tom Beyer. »Da brennt es, also frag nicht so doof.«

Zack griff zum Hörer, um den Kollegen einer weiteren Redaktion des Medienkonzerns zu erreichen.

»Polgard!«

»Was macht ihr wegen Beyer?«

»Im TV hab ich um 16 Uhr wahrscheinlich den Wirtschaftsminister und einen vom Weltwirtschaftsinstitut. Für Print wissen wir noch nicht, wer alles an Experten zusagt, aber die Richtung ist klar!«

»Okay, in Ordnung, ich knall in einer Stunde mal das Wichtigste über Beyer raus. Wir konferieren später noch, danke dir!«

Zack legte auf und begann zu schreiben:

VON DER KLIMAHYSTERIE ZUR PLANWIRTSCHAFT: DIESER MANN MUSS GESTOPPT WERDEN

Ja, auch dieser Sommer ist ungewöhnlich heiß, ein paar Straßen weiter brennt heute ein städtisches Wohn- und Geschäftshaus, und radikale Klimaschützer liefern sich Scharmützel mit Querdenkern und der Berliner Polizei. Das sind wir gewohnt, und weltweit kümmern sich Staaten und Unternehmer wie nie zuvor mit Billioneninvestitionen darum, den Klimawandel in den Griff zu bekommen und zu stoppen. Was wir heute an unerträglichen Belehrungen vom Direktor des Potsdamer Instituts für Klimafolgenforschung und seinem Mitstreiter zu hören bekamen, war von langer Hand geplant und würde in seiner Konsequenz das Ende unserer Freiheit bedeuten. Unübertroffen wären die Eingriffe in die unternehmerische Freiheit. Millionen würden ihre Arbeitsplätze verlieren, und die Forderung nach mehr Forschungsmitteln in hochumstrittene Methoden des Climate Geoengineering erscheinen wie eine Art Selbstversorgungsagenda für die Wissenschaft. Die hat sich schon in der Pandemie nicht nur geirrt, sondern einen unermesslichen menschlichen und volkswirtschaftlichen Schaden hinterlassen. Je näher die angeblichen Deadlines für die Erreichung der Klimaziele rücken, desto panischer und planwirtschaftlicher agieren Wissenschaftler, deren Aufgabe es nicht ist, Politik zu machen. Was wir heute gehört haben, dürfte die radikalen Klimaschützer vielmehr dazu beflügeln, noch mehr Gewalt auf die Straße zu tragen und sich gegen unsere Infrastruktur zu wenden.

Wissenschaft und Staat sind dazu da, politische Ziele auszurufen. Aber die Innovationen, die zur Lösung der Probleme führen, kommen und kamen seit jeher aus einer global agierenden Privatwirtschaft anstelle von selbst ernannten Weltenrettern. Denn nur ein Unternehmer weiß, dass er bei einem Irrtum alles aus eigener Tasche bezahlen muss. Der Direktor des Instituts für Klimafolgenforschung muss dies nicht. Durch ihn verkommt der Klimaschutz und unsere europäische Wirtschaft zu einer lahmen Ente und entfacht am Ende einen ganz anderen Brand. Den müssen wir zuerst löschen, wenn wir unsere Freiheit verteidigen wollen. Ich habe mehr Vertrauen in unsere Wirtschaft und unsere Unternehmer als verlässliche Partner für unseren Wohlstand und für die Rettung des Klimas.

Zack öffnete das Redaktionssystem für die Online-Ausgabe und speicherte den Text ab. Um ihn herum wurde es zunehmend lauter. Die Tür zum Newsroom öffnete sich, eine junge Frau trat ein.

»Chef, Indien und Pakistan melden einen Blackout.«

»Einen Stromausfall oder einen Blackout?«

»Die Hauptstadt Delhi ist seit acht Stunden ohne Strom und Teile Pakistans seit vier, die können ihre Kraftwerke wegen 50 Grad plus nicht mehr am Laufen halten. Die Krankenhäuser können nicht mehr arbeiten, die U-Bahn in Neu-Delhi steht still, und die Leute sterben wie die Fliegen.«

»Herr Gott, ja, das kommt in Indien schon mal vor. Gib das Willy, er setzt das als Meldung rein. Wir konzentrieren uns auf den Klimahysteriker.«

Die junge Redakteurin blieb stehen.

»Herr Zack, das Gesundheitsministerium redet von Zehntausenden Menschen, die, verstärkt durch die hohe Luftfeuchtigkeit, an ihre Anpassungsgrenzen stoßen. Der indische Regierungschef hat gerade verlautbaren lassen, dass die Menschen ohne klimatisierte Räume dort bald nicht mehr leben können. Das betrifft irgendwann auch uns!«

Zack schaute hoch und starrte die Frau an.

»Genau, irgendwann – und wenn es so weit ist, haben wir eine echte Nachricht!«

Die Jungredakteurin zog die Augenbrauen hoch. »Wie Sie meinen … Man nennt das übrigens den Taupunkt.«

»Wie bitte?«

»Die Luftfeuchtigkeit ist das Problem. Die sogenannte Feuchtkugeltemperatur ist die tiefste Temperatur eines mit einem feuchten Tuch umgebenen Körpers, die sich noch durch Verdunstung erreichen lässt. Sie hängt von Temperatur und Luftfeuchtigkeit ab. Beträgt sie mehr als 37 Grad Celsius, kann der Mensch sich durch Schwitzen nicht mehr unter 37 Grad abkühlen und stirbt«, sagte die Redakteurin mit einem hämischen Lächeln und ging. Kaum hatte sie die Tür geschlossen, klingelte das Telefon.

»Zack! Ah, Jörg, schon wach?«

»Ich hab was für dich!«

Kapitel 25

BERLIN – 43 GRAD

Robert war klatschnass geschwitzt, aber der einsetzende Wind brachte trotz der Horrortemperaturen etwas Erleichterung. Plötzlich wurde die Szene aufgemischt, als sich eine Gruppe Gegendemonstranten in die Nähe der von der *Letzten Generation* besetzten Straße traute. Das Geschrei war kaum zu überhören. Die Polizeisperre hielt.

»Ihr solltet denen mal zuhören und sie nicht nur als Spinner abhaken«, rief er einem jungen Aktivisten zu.

»Alter, du gehst mir auf den Sack. Gehörst du etwa zu denen? Ihr Vollidioten folgt der Propaganda der Erdölindustrie, und die sponserst du mit jedem Mal tanken. Erst haben die Medien euch mit der falschen Information gefüttert, dass es keinen Klimawandel gibt, dann, wo es nicht mehr anders ging, haben sie euch gesagt, okay, es gibt eine Erwärmung, aber der Mensch ist nicht daran schuld. Dann haben sie zugegeben, es gibt die menschengemachte Erwärmung, aber es wird alles halb so schlimm. So, und jetzt kommst du hierher und sagst mir im Grunde genommen – die nächste Stufe der Verdummung –, der Klimawandel ist ein Riesenproblem, aber Windkraft tötet Vögel, oder was kommt noch? Alter, wach auf oder hau ab!«

Als er sich seiner aussichtslosen Lage bewusst wurde, zog er einen gestreckten Mittelfinger in Richtung seines Kontrahenten, raffte sich auf, hielt sich kurz an der Mauer fest und suchte den Weg zu seinem Auto.

»Kaum zu fassen, dass das Jannes Vater ist! Kommt, gehen wir«, sagte einer der jungen Männer und wandte sich von Robert ab.

Robert atmete tief durch und schrie dem Mann hinterher.

»Pass auf, was du sagst, du Schnösel. Ich hab mehr in meinem Leben geleistet, als du dir vorstellen kannst.«

Der Demonstrant würdigte ihn keines Blickes mehr, und Robert versuchte, sich auf das Gehen zu konzentrieren. Für einen Moment hielt er inne und sah sein Spiegelbild in einem Schaufenster. Er hatte schon besser ausgesehen. Dann schaute er auf sein Smartphone. Von Janne kein Anruf, nichts. Wo sollte er sie hier in diesen Massen finden? Er las noch einmal die Nachricht des Notars und überschlug die Summe, die der Verkauf seiner Felder bringen würde. Vielleicht war es bald an der Zeit aufzugeben, aber das würden weder Klimawissenschaftler noch ein Staat oder irgendwer anders bestimmen. Den zweiten Hof in Friesland, den musste er unbedingt halten. Tom mochte er nie etwas bedeutet haben, aber das Lebenswerk seiner Eltern, ja, all die Leiden und Mühen vieler Generationen vor ihnen durften nicht umsonst gewesen sein. Was die Wissenschaftler da planten, war ein riesengroßes Vernichtungsprogramm gegen die Landwirte – und sein eigener Bruder war daran beteiligt. Am Ende würden sich ein paar Großbauern die Hände reiben und nichts verändern, außer sich selbst die Taschen zu füllen, während man ihn in den Bankrott getrieben hätte. Regionale Landwirtschaft, so ein Schwachsinn! Als würde man damit die Leute ernähren können, oder ja doch, mit Steckrüben und Kartoffeln und Eingemachtem, wie seine Großeltern, das wär's dann im Winter. Na, das wollte er sehen, kein Sushi und kein McDonald's mehr. Wie weltfremd war sein weit gereister Bruder eigentlich? Als könne man die Geschichte einfach wieder zurückdrehen!

Vielleicht war es an der Zeit, seiner Tochter mal zu erzählen, wer dieser ach so bewunderte Onkel wirklich war. Was er so getrieben hat, während sich seine Eltern zu Tode geschuftet haben. Es fing schon in der Schulzeit an: Tom zündete einen Polizeiwagen an, Tom beschmierte die Schule mit Antifa-Symbolen, bevor er überhaupt wusste, was das war. Tom konsumierte und verkaufte Drogen und fand auch nichts dabei, seinen hart arbeitenden Vater regelmäßig zu bestehlen. Während er, Robert, nur drei Jahre älter, von Anfang an auf dem elterlichen Hof aushalf. Da musste die Mittlere Reife reichen, nichts mit Abitur oder Ingenieur oder ähnlichen Sperenzchen. Als Tom dann schließlich nach Hamburg verschwand, machte er gerade so weiter: immer gegen alles sein als Hausbesetzer und Randalierer, anstatt arbeiten zu gehen und sich seine Kröten mühsam zu verdienen. Und dann war Tom plötzlich weg. Warum die Mutter ihn immer wieder in Schutz genommen hatte, verstand Robert bis heute nicht. Als er dann wieder zu Hause auftauchte, machte man einen riesigen Popanz um den heimgekehrten Sohn, der plötzlich ein Studium abgeschlossen hatte, sich eine Karriere gebastelt hatte und gut verdiente. Dass Tom dafür meistens in dem von ihm einst so gehassten Amerika lebte, störte plötzlich nicht mehr. Und wenn es am Hof mal nicht gut lief, schickte er Almosen aus der Ferne, anstatt sich einmal selbst herbeizubemühen und sich um seine Herkunftsfamilie zu kümmern. Wenn Janne, sein süßes kleines Mädchen, ihrem bewunderten Onkel weiterhin so nacheiferte, würde sie so selbstgefällig enden wie Tom, so viel war Robert klar.

Als er endlich die Orientierung wiedergefunden hatte, sah er erneut Feuerwehrwagen die Allee herunterrauschen. Die weithin sichtbaren schwarzen Rauchwolken ließen auf einen großen Brand schließen. Und irgendwo trieb sich seine Tochter herum. Was, wenn das Feuer die ganze Stadt erfassen würde?

Robert ging zum Parkplatz, stieg in seinen Wagen und als er eben startete, klingelte sein Smartphone.

»Moin, Robert. Du, eines deiner Rapsfelder hat es gestern erwischt, aber das Schlimmste konnten wir verhindern«, sagte sein Mitarbeiter Petersen.

»Jau. Nicht gut. Aber das macht auch schon nichts mehr!«

»Was hast du gesagt?«

»Ich bleibe noch einige Tage im Osten. Wie sieht es sonst aus, kommst du alleine klar?«

»Ja, wird schon werden, die Feuerwehren schieben jetzt nachts mehr Wachen, aber die Touristen sind einfach zu blöd. Ist kaum zu fassen. Zum Glück haben die den Typen, der die Kippe ins Feld geworfen hat, sogar erwischt.«

Robert musste plötzlich lachen und konnte sein Glück kaum fassen.

»Na, das wird richtig teuer werden für den Mistkerl. Ich zeig das morgen bei der Polizei an. Alles klar, danke dir!«

Robert fuhr die Lindenallee hinunter, machte kurz halt an einem Späti und deckte sich mit Wein und einer Flasche Schnaps ein. Dann las er die Schlagzeilen, scrollte durch seine Facebook-Gruppe und stieß auf Unmengen an Kommentaren, die seinem Bruder galten.

»Jetzt kriegst du endlich die Quittung für deine Arroganz!«

Kapitel 26

Janne beobachtete, wie Mareike fassungslos die Straße hinunterblickte, bis der Anblick sie selbst erschreckte und der Rauch in ihren Augen brannte. Die Feuerwehr war dabei, gleich mehrere Häuser zu löschen und andere präventiv zu wässern.

»Oh no, und der Wind facht das noch weiter an«, sagte Tobias. »Wo steht dein Auto?«

Janne schaute wie gebannt auf die Flammen. Es fühlte sich wie eine Vorwarnung an auf das, was die Stadt immer häufiger erwarten würde, ähnlich wie es woanders schon zur Normalität geworden war. Noch funktionierte alles. Auch wenn gerade die schlimmste Hitzewelle, die Berlin jemals erlebt hatte, wütete, war das alles nichts im Vergleich zu Indien, Australien, Amerika und Südeuropa.

»Was? Äh, ja, da drüben. Wir sollten hier verschwinden. Soll ich dich noch fahren?«

Tobias schüttelte den Kopf. »Ich stehe nur eine Straße weiter. Wir sehen uns gleich in Lentzke, okay?«

»Okay!«

Mareike ging schnellen Schrittes voraus. Die Luft stank nach Ruß. Janne öffnete den Wagen und hielt einen Moment die Tür auf, um die Hitze entweichen zu lassen. Mareike, die aus den USA ganz andere Temperaturen gewohnt war, hatte eine Decke auf den

Sitz gelegt, machte es sich seelenruhig bequem und zückte ihr Smartphone, ihre Haare verdeckten ihr gesenktes Gesicht.

Janne setzte sich in den Wagen, steckte den Schlüssel ins Zündschloss, startete und griff ans Lenkrad.

»Au, Scheiße ist das heiß«, brüllte Janne auf und vernahm keine Reaktion von Mareike, die mit zitternden Händen eine Nachricht schrieb.

»Hey, was ist eigentlich los mit dir? Und was waren das vorhin eigentlich für Blicke in Tobias' Richtung?«

Mareike schrieb unbeirrt weiter.

»Du hast wenigstens einen coolen Freund«, schluchzte Mareike. Erst jetzt sah Janne, dass Tränen auf Mareikes nackte Beine tropften.

»Hey, sorry, was ist denn jetzt passiert?«

Als Mareike aufblickte, sah Janne, dass ihre Cousine gerade dabei war, ihren Instagram-Account zu löschen.

»Dieses Schwein hat sich nicht nur von mir getrennt, sondern mich auf Insta als die ›Hurentochter des größenwahnsinnigen Klimaforschers‹ bezeichnet, der die Welt in Gefangenschaft nehmen will. Sogar mein Bild hat er dazugestellt.«

»Hey, hey, komm mal her«, sagte Janne und nahm Mareike, so gut es ging, in den Arm.

»Das ist noch nicht alles. Wie konnte ich so blind sein? Er war schon immer Republikaner, aber zuletzt hat er sich wohl komplett radikalisiert. Hast du eine Ahnung, was das für mich bedeutet? Ich kann jetzt unmöglich zurück in die USA, ohne dass mich irgendwann einer dieser Irren umbringt«, schluchzte Mareike. »Oder ich habe Glück wie Lil und lande nur im Krankenhaus.«

Plötzlich verstand Janne, warum Mareike das Thema Klimawandel nicht mehr ertragen konnte. Mit diesem Vater, der so in seiner Mission gefangen war, die Welt zu retten, der kaum jemals für sie da war, von dem sie zwar materielle Sicherheit, aber kaum Nähe erfahren hatte. Und trotzdem mussten sie und ihre Mutter den Preis für seine Aktivitäten bezahlen, indem sie ein Leben mit krassen Sicherheitsmaßnahmen führten und immer damit rechnen mussten, von irgendeinem radikalisierten Klimaleugner erkannt und angegriffen zu werden.

»Ich kenne einen Anwalt, der darauf spezialisiert ist, dafür zu sorgen, dass Posts, die dich gefährden könnten, sofort gelöscht werden«, sagte Janne. »Es muss aber schnell gehen. Kannst du einen Screenshot machen? Warte – ach Mist, die Adresse hab ich in meinem anderen Handy. Okay, fahren wir zurück.«

Mareike war blass, und ihre Stimme klang panisch.

»Das schaffen wir nicht, bevor es bereits Tausende Male geteilt ist. Ich muss Tom Bescheid sagen, seine Security-Leute in Amiland wissen hoffentlich, was da zu tun ist. Er ist gerade auf dem Weg nach Lentzke.«

Janne fuhr los. Das Geräusch der Martinshörner wurde leiser. Im Rückspiegel entfernten sich die Rauchsäulen. Plötzlich dachte sie an Robert. Was würde geschehen, wenn Tom allein auf ihn träfe? Die leise schluchzende Mareike neben ihr machte ihr ebenfalls Sorgen. Würde sie jetzt tatsächlich zur Zielscheibe für Klimaleugner werden?

»Du möchtest ernsthaft zurück in die USA?«, fragte Janne.

»Ich hab in dem Jahr nicht wirklich Anschluss gefunden, und mir fehlen meine Freunde, aber jetzt hab ich auch Angst.«

Janne nickte und nahm den Abzweig Richtung Reinickendorf. In dem dichten Verkehr stand die Luft. Wer konnte, verließ den Hauptstadtmoloch und suchte Abkühlung an den umliegenden Seen oder machte sich gleich auf den Weg an die Ostsee.

»Scheiße, du brauchst echt eine Klimaanlage.«

»Klar, ich kauf mir vor dem Untergang noch einen fetten SUV«, lachte Janne.

»Hat Robert dir jemals gesagt, dass er dich liebt?«

»Puh, weiß ich nicht, aber er zeigt es, soweit er kann.«

»Wie meinst du das?«

»Der Hof, das Auto ohne Klimaanlage, wenn ich nach Weihnachten nach Hause kam, stand immer ein Korb mit Süßigkeiten auf dem Tisch, und Mama betonte stets: ›Das hat dein Vater für dich besorgt.‹ Ach Gott, Mareike – Robert ist im Grunde ein großes Baby, und ich weiß oft echt nicht mehr weiter. Und du? Wieso fragst du?«

Mareike sah aus dem Fenster, der Verkehr lockerte auf, und Janne konnte endlich so viel Gas geben, dass der Fahrtwind etwas Linderung brachte. Sie nahm den Gesprächsfaden wieder auf:

»Ist doch verrückt. Unsere Eltern behandeln uns immer noch wie Kinder und merken nicht, dass wir in manchen Dingen längst reifer als sie sind. Immerhin wissen die meisten unserer Generation recht genau, was auf uns zukommt. Aber wir werden von einem Haufen alter Säcke regiert, die die Welt in den Abgrund treiben.«

Ein paar Hundert Meter vor ihnen staute sich der Verkehr schon wieder, und eine Kolonne von Feuerwehreinsatzwagen fädelte sich aus einer Seitenstraße in die Rettungsgasse. Hinter ihnen wurde die Straße gesperrt.

»Oh, shit, was ist das denn jetzt wieder?«

Ein Polizist näherte sich.

»'tschuldigung. Können Sie mir sagen, was da los ist? Ich muss dringend Richtung Fehrbellin!«

Der Polizist kam ans Fenster. »Da vorne brennt der Wald. Drehen Sie um, biegen dann vorne rechts über die Schulzendorfer Straße in die Ruppiner Chaussee und dann wieder auf die 111«, sagte er, ging ein paar Schritte zurück und stoppte den Gegenverkehr, damit Janne wenden konnte.

Kapitel 27

LENTZKE – 43 GRAD

Tom hatte kein gutes Bauchgefühl. Er hatte Gunnar beauftragt, sich mit den Kapazitäten des deutschen Katastrophenschutzes zu beschäftigen, weil er genau wusste, dass, wenn sich die Wetterlage nicht bald änderte, Brandenburg und Thüringen in riesiger Waldbrandgefahr schwebten. Und wenn es erst́ mal losging, war es mehr als wahrscheinlich, dass das kleine Örtchen Lentzke mitten in der akuten Katastrophenzone liegen würde.

Vielleicht wäre es besser, wenn Mareike, Robert und Janne sich auf den elterlichen Hof nach Nordfriesland zurückzögen. Dort, wo die Nordsee nur einen Katzensprung entfernt war. Aber wie sollte er Robert dazu bewegen? Dieser alte Trotzkopf, der jeden Rat sofort als persönliche Beleidigung empfinden würde. In einem aber hatte Robert recht: Der Ort ihrer bäuerlichen Herkunft hatte sich prostituiert, indem er sich komplett dem viel leichteren Geld des Tourismus verschrieben hatte. Nur einmal, nach dem finalen Streit mit seinem Bruder, hatte Tom trotz aller Umstände der Vergangenheit ernsthaft erwogen zurückzukehren, denn eines konnte man der Küste nicht abstreiten: Sie war wunderschön, und ein Teil seines Herzens war immer hiergeblieben.

Daran war Lil nicht ganz unschuldig. Sie hatte unbedingt einmal die Nordsee sehen wollen. Ohne Robert zu informieren, hatten sie ihnen ein Hotel gebucht, und Tom besuchte das Grab seiner

Eltern. Aber bereits zwei Tage mit Lil vor Ort reichten, um die Rückkehrfantasien schnell wieder zu verwerfen. War die kurze Badesaison vorbei, verfielen der Ort und seine Bewohner in eine tiefe Trostlosigkeit. Nur noch eine Handvoll hartgesottener Besucher verirrte sich an die Küste. Und waren keine Gäste im Dorf, blieb den Einheimischen nur noch die Beschäftigung mit sich selbst – oder mit ihren Nachbarn. Jede noch so kleine Regung wurde am allabendlichen Kneipenstammtisch durchgehechelt. In der Regel drehten sich die schnapsgetränkten Neiddebatten darum, wer als Nächstes pleitegehen würde, wer Besuch vom Finanzamt hatte, wer seinen Führerschein verloren hatte, seine Frau schlug, sich ein neues Auto leisten konnte oder was sich die Politiker an neuen Steuern oder Auflagen ausgedacht hatten. Zu Hause ertrugen die Frauen ihre Männer, die mit Schnapsfahne heimgekommen waren, wenn sie nicht selbst mit um die Häuser gezogen waren. Schon Toms und Roberts Elterngeneration, die diesen Ort aufgebaut hatte, hatte sich früh mit Leberschäden oder sonstigen Folgen ihres Lebenswandels ins Jenseits verabschiedet.

Der Friedhofsgärtner, ein Bekannter von Robert, hatte beobachtet, wie Tom mit Lil ein paar Blumen am elterlichen Grab niederlegte. Das Gerede nahm seinen Lauf. So ein Rabensohn. Karrierist. Schande. Was will der plötzlich hier? Mit so einem will keiner etwas zu tun haben. Was hat der eigentlich all die Jahre gemacht? Und wer ist denn diese Frau? Das Gerede machte also die Runde, sodass Robert noch am selben Abend vom Inkognito-Ausflug seines Bruders in die alte Heimat erfuhr.

Tom konnte sich noch genau an den Morgen erinnern. Er war mit Lil am Strand. Sie genossen den Duft des Wattenmeers. Mit leicht kühlendem Westwind war es für die Jahreszeit noch angenehm, aber die viel zu warmen Temperaturen des Wassers waren spürbar, als sie am Brandungssaum entlanggingen. Irgendein Typ mit einer Frau kam ihnen entgegen. Als er vor Neugier fast zum Stillstand kam, winkte Tom ihm provokant zu. Keine Reaktion und ein paar Meter weiter hörte Tom ihn tuscheln: »Das ist Roberts Bruder.«

»Eine Schande ist das«, vermerkte die Frau.

Lil schaute Tom an: »Kennst du den?«

»Keine Ahnung. Egal. Ich bin nicht hergekommen, um Altes aufzuwärmen.«

»Der Strand ist wirklich atemberaubend, aber bist du sicher, dass dir hier nicht die Decke auf den Kopf fällt?«

»Woher soll ich das jetzt schon wissen? Wie lange bleibst du?«

»Siehst du?«, sagte Lil.

»Was?«

»Du wirst es nicht aushalten. Ohne mich, ohne die Konferenzen und die Forschung, ohne die Anspannung und ohne die Illusion, dass du noch Einfluss nehmen kannst«, sagte Lil und malte mit ihrem rechten Fuß ein Herz in den hellen Sand.

Tom lauschte der Brandung und lachte laut auf. »Angst vor Bedeutungsverlust, das meinst du? Ja, gut möglich. Aber ich kann ja jederzeit wieder gehen«, sagte er ruhig und legte Lil den Arm um die Hüfte. Schweigend wanderten sie zurück über die Dünenlandschaft in Richtung des Westerhever Leuchtturms.

Lil löste sich aus seiner Umarmung und schaute aufs Meer. »Du wirst diesen Leuten und deinem Bruder nicht ewig ausweichen können. Sie werden Fragen haben, und du wirst sie mit dem konfrontieren müssen, was sie am Klimawandel nicht wahrhaben wollen. Das wird hier viel brutaler, als du dir vorstellen kannst. Bei den Leuten hier geht es nicht nur um Projektionen, sondern um ganz handfeste Existenzängste.«

Tom schloss die Augen und atmete tief ein.

»Wirst du wirklich damit umgehen können?«, hakte Lil nach.

Nach diesem Gespräch hatte er seine Sachen gepackt, und sie waren gemeinsam zurück nach New York geflogen.

In diese Gedanken versunken, übersah Tom das Ortsschild von Lentzke. An der nächsten Gabelung drehte er den Mercedes um. Als er Roberts Wagen in der Einfahrt stehen sah, war sein Entschluss gefasst. Er musste seinem Bruder um seiner selbst und um Jannes willen helfen. Ihm irgendwie begreiflich machen, dass er seinen Lebensstil massiv verändern musste, wenn er sein Leben retten wollte.

Er klopfte erst leise und dann deutlicher. Robert riss die Tür auf und wankte leicht zurück, als er Tom sah.

»Was willst du denn hier?«

»Ich hatte doch gesagt, dass ich wiederkomme. Ist Mareike hier?«

Robert baute sich vor Tom auf.

»Deinetwegen sind sie nach Berlin gefahren, um an diesen schwachsinnigen Demos teilzunehmen. Und ganz nebenbei erfahre ich von deiner Zuneigung für uns Landwirte, du Arschloch. Aber du wirst deine Quittung dafür schon noch kriegen.«

Tom sah, wie Robert mit der rechten Hand zum Schluck aus der Weinflasche ansetzte und ihn mit der anderen Hand hineinwinkte.

Einen Moment zögerte er. Aber er spürte: Ein besserer Moment würde nicht kommen, sich dem Unangenehmen zu stellen. Er folgte Robert in die Küche.

Der schwadronierte: »Ich hatte dir gesagt, dass du dich aus Jannes Leben raushalten sollst. Aber gut, vielleicht bin ich da ja zu streng. Sie ist erwachsen, soll sie doch ihre eigenen Entscheidungen treffen. Aber deine hübsche Tochter Mareike hat erkannt, wer du wirklich bist: ein einsamer Irrer, der alle anderen für seine Obsession im Stich lässt. Und mich willst du außerdem noch um mein Land bringen! Aber keine Sorge, das hast du schon geschafft!«

Tom spürte, wie die Wut in ihm hochkochte, als Robert ihm schon wieder vorwarf, dass er irgendetwas getan oder nicht getan hätte, was für Roberts Lebensweg, für seine schlimme Lage oder sogar für die ganze Familie bestimmend gewesen wäre.

»Was zum Teufel willst du eigentlich von mir? Und was heißt, ich habe irgendetwas schon geschafft?«

Robert stand auf, baute sich vor Tom auf und grinste ihn schwankend an.

»Du hast gewonnen. Gestern habe ich das Land verkauft. Aber unser Elternhaus habe ich gerettet, und daran wirst du dich verdammt noch mal beteiligen, verstanden?«

Tom kannte diese Körperhaltung an Robert, wenn er sich groß machte, die rechte Faust ballte und in Schlagdistanz kam, dann setzte es eine, so war es schon, als sie noch Kinder waren. Aber nicht diesmal, dachte Tom. Bevor er eine Entscheidung treffen konnte, landete seine Faust wie von selbst mitten in Roberts Gesicht. Der knallte seitlich auf den Boden und blieb reglos liegen. Stille. Toms Herz raste. Was hatte er getan? Endlich ein leichtes Stöhnen. Tom atmete auf.

»Du hast das Land verkauft, ohne mich zu fragen? Du verdammter Idiot. Hättest du gefragt, hättest du all die Jahre zugehört, dann hätte ich es gekauft. Du kannst mit deinem Hof und dem Land drum herum eine ganze Region nachhaltig versorgen. Ich habe unserem Vater immer wieder Geld geschickt, damit genau das nicht geschieht, du verdammtes Arschloch. Wo ist der Vertrag? Ich, ich lasse das rückabwickeln«, brüllte Tom. Sein großer Bruder, zu dem er als Kind so aufgeschaut hatte, lag jetzt mit blutender Oberlippe und glasigen Augen vor ihm auf dem Boden.

»Du lügst, Tom! Wann hast du ihm jemals Geld gegeben?«

Robert kam wacklig auf die Beine und hielt sich an einem Küchenstuhl fest. Jetzt war die Gelegenheit, zu sagen, was gesagt werden musste. Robert war zu betrunken, um sich auf weitere Schläge einzulassen.

»Ich habe dir wieder und wieder erklärt, was passiert, wenn ihr eure Wirtschaftsweise nicht auf nachhaltigen Anbau umstellt. Ich habe dir jedes Mal gesagt, welche Summen ich überwiesen habe, aber du warst einfach immer nur zu besoffen. Das Säufergen hast du von Vater vererbt bekommen. Und alles, was wir hatten, ist den Halluzinationen zweier Säufer zum Opfer gefallen. Glaubst du, es fiel mir leicht, das alles hier mit gerade mal siebzehn Jahren zu verlassen? Während ich nicht wusste, wie ich Schule und Studium finanzieren sollte, wurde ich als Lohn dafür gehasst, dass ich immer versucht habe, aus der Ferne Verantwortung zu übernehmen. Unterdessen haben Vater und du das Geld versoffen. Und Mutter habt ihr gleich mit in den Abgrund gezogen. Robert, du hast solche Angst vor jeder Veränderung, dass du lieber stirbst, als dass du endlich handelst.«

Robert schwieg, schlurfte zum Waschbecken, wusch sich das Blut aus dem Gesicht, nahm ein Taschentuch und setzte sich an den Küchentisch. Er schenkte sich einen Wein ein und trank.

»Gute Ausrede. Mit ein paar Almosen glaubst du, wäre alles bezahlt, aber Familienehre und Aufrichtigkeit kann man nicht mit Überweisungen abgelten. Warum hat dir unsere Mutter immer alles verziehen? Du bist und bleibst ein Klugscheißer!«

Tom setzte sich ebenfalls an den Tisch und blickte Robert tief in die Augen.

»Weil es nichts zu verzeihen gab. Du hingegen warst immer ein angepasstes Weichei, zu stolz, zuzuhören und zu lernen, zu bequem, etwas Neues zu wagen, obwohl es unausweichlich nötig war, zu feige, einen Ort zu verlassen, an dem du gescheitert bist!«

Robert nahm sich die Weinflasche und wankte wortlos in den Flur. In diesem Augenblick sprang die Haustür auf.

Kapitel 28

LENTZKE – 39 GRAD

Janne sah Roberts geschwollene und blutige Lippe. »Was ist denn hier passiert? Nein, ich glaub es nicht, wo ist Tom?«

»Ich bin ausgerutscht. Dein Onkel ist in der Küche. Da könnt ihr ja jetzt weiter ›Wir retten die Welt‹ spielen«, sagte Robert und schleppte sich in Richtung Innenhof.

»Robert, warte …«

»Jetzt nicht!«

»Wir müssen reden.«

»Ich sagte: Jetzt nicht«, brüllte Robert und schlug die Tür hinter sich zu.

Janne ging mit Mareike im Schlepptau in die Küche. Dort saß Tom, die Arme verschränkt, und starrte an die Decke.

»Was ist hier passiert?«

Tom sah Janne und Mareike an und zuckte mit den Schultern.

»Das, was geschehen musste. Und was habt ihr in Berlin getrieben? Hatten wir nicht vereinbart, dass ihr die Stadt meidet? Janne, wenn dir was passiert wäre, hätte dein Vater mir die Verantwortung zugeschoben. Ich würde euch für den Moment bitten, in dieser Lage etwas Rücksicht auf mich zu nehmen!«

Jetzt erst fiel ihm das verheulte Gesicht seiner Tochter auf. »Was ist passiert, Mareike?«

Mareike gab ihrem Vater ihr Handy. »Da, lies selbst.«

Tom scrollte die Hassbotschaften unter Mareikes Foto durch, das ihr Ex ins Netz gestellt hatte. Inzwischen war es auch auf Toms Account verlinkt worden. Hämische Kommentare wechselten sich mit unverblümten Morddrohungen ab.

»Ich habe genug Rücksicht auf dich genommen. Mir reicht's!«

Janne sah, dass auch Tom seine gewohnte Contenance verloren hatte. Sie mochte sich nicht vorstellen, was gerade zwischen ihm und ihrem Vater geschehen war.

»Das ist nicht fair, Mareike, du kannst doch nicht …«

»Warte, Janne«, unterbrach Tom beschwichtigend, und an Mareike gewandt: »Das alles tut mir unendlich leid, dass meine Position dein Leben so beeinflusst, aber du weißt so gut wie ich: Ich kann nicht mehr zurück!«

Toms Telefon klingelte. »Wartet kurz und setzt euch«, sagte er, dann nahm er den Anruf an, stellte auf laut und legte das Handy auf den Küchentisch. »Gunnar, schieß los, wie sieht es aus?«

»Das europäische Zentrum für Wettervorhersage hat seine Prognose angepasst und rechnet bis in den August hinein nicht mit signifikanten Regenfällen. Juni und Juli werden bis zu drei Grad wärmer als im langjährigen Klimamittel. Zudem droht sich die Trockenheit zu verschärfen. Tom, die Brände im Süden Deutschlands werden dramatisch, und von Südosteuropa will ich gar nicht mehr reden.«

»Und der Osten?«

»Im Vergleich zum letzten Jahr sieht es dort auch nicht gut aus. Das atlantische Hoch hat bei euch bereits im Frühjahr die Böden ausgetrocknet. Ihr steht vor einer Katastrophe. Vom US-Wetterdienst NOAA gibt es übrigens die gleichen Meldungen. Dieses Jahr wird in Deutschland die Hölle werden, und ich denke, du solltest ins Institut kommen. Einige Medien laufen Sturm gegen dich!«

»Ist in Ordnung, ich bin in einer Stunde da«, sagte Tom und beendete das Gespräch.

»Also, für den Moment ist es wohl am besten, ihr bleibt hier oder ihr fahrt an die Nordseeküste«, forderte Tom die Mädchen auf und erhob sich.

»Was ist zwischen Robert und dir vorgefallen?«, fragte Janne.

»Ich denke, das ist nicht mehr euer Problem. Zumindest sollte es das nicht sein. Wo hat Robert eigentlich sein Zimmer?«

»Äh, vorne, neben dem Eingang, wieso?«

»Sagen wir mal so. Robert neigt zu emotionaler Erpressung, um seine Interessen durchzusetzen, und behauptet, er hätte das Land verkauft. So war auch meine Mutter, die mir früher damit drohte, den Unterhalt für das Studium zu verweigern, wenn ich mich nicht zu Hause blicken ließe. Janne, schickst du mir seine Kontonummer auf mein Handy? Ihr sagt ihm keinen Ton, verstanden!«

Janne war sprachlos. Tom war offenbar wirklich bereit, seinem Bruder trotz seiner Exzesse zu helfen.

»Was ist denn passiert? Nun rück schon raus damit, habt ihr euch geprügelt?«

Tom stand, ohne zu antworten, auf, ging aus der Küche und in Roberts Zimmer. Janne und Mareike folgten ihm. Janne beobachtete, wie sich Tom umsah. Das gesamte Mobiliar stammte aus den 60er- oder 70er-Jahren. Der alte Robert, der, den sie von früher kannte, hätte längst für eine schöne Umgebung gesorgt. Er war ein leidenschaftlicher Handwerker, der alles verschönern konnte, mit einem besonderen Händchen dafür, alte Bauernmöbel zu renovieren. Janne stellte sich vor, wie es hier auch aussehen könnte. Der Hof hatte wirklich Potenzial. Aber was sollte man mit jemandem machen, der keine Kraft mehr für Veränderung hatte, mit einem, der sich längst aufgegeben hatte und mit aller Gewalt an einer Vergangenheit festhielt, die längst verloren war.

Peinlich berührt sah Janne mit an, wie Tom in Roberts Unterlagen wühlte, bis er auf dem Schreibtisch den ausgedruckten Vertrag eines Notars und einen Grundbuchauszug fand.

»Wusste ich es doch!«

»Was?«

»Nichts ist unterschrieben, und außerdem hätte er persönlich beim Notar in Husum erscheinen müssen, und der Termin war gestern. Aber vielleicht glaubt er in seinem Wahn, dass er es wirklich getan hat.«

Tom zerriss den Vertrag genau in der Mitte, nahm einen Kugelschreiber und notierte auf der leeren Rückseite eine Nachricht.

Das Geld, das du für die Bank brauchst, habe ich dir überwiesen. Gruß Tom

»Was hast du getan?«

»Den größten Teil meiner Altersvorsorge in einen hoffnungslosen Fall investiert!«

»Er wollte das Land vielleicht wirklich verkaufen?«

»Ja, wahrscheinlich um dir hier etwas zu ermöglichen, keine Ahnung. Euer Hof könnte Vorbildcharakter haben. Die Böden in eurer Region sind außerordentlich fruchtbar. Du und Robert, ihr müsst einfach ein paar fähige Leute engagieren und den Betrieb auf so etwas wie eine solidarische Landwirtschaft umstellen, in der …«

»Ich weiß, was das heißt«, unterbrach Janne und spürte, wie sich ihre Augen mit Tränen füllten. »Ich hoffe, er kann das annehmen und hört dann auf zu trinken. Warum hilfst du ihm plötzlich?«

»Ich helfe eher dir, Janne. Das ist für deine Zukunft! Moment, was ist das denn?«

Janne sah, wie Tom aus dem Fenster auf eine Apparatur hinter der großen Wiese starrte, die Janne in all den Jahren nur beiläufig wahrgenommen hatte. Als studierende Klimatologin wurde sie rot im Gesicht. »Eine Wetterstation!«, schoss es aus ihr heraus.

»Das ist doch noch auf eurem Grund, oder etwa nicht?«

Janne zuckte mit den Schultern und schüttelte den Kopf. »Du glaubst doch nicht, dass Robert so etwas bedienen kann.«

»Da kennst du deinen Vater schlecht. Er hatte als Erster eine CB-Funk-Station und bastelte sich ein altes Mofa zusammen, bevor er dreizehn war«, sagte Tom und starrte auf den Laptop. Auf der Fensterbank lag ein Fernglas. Tom nahm es auf und schaute sich die Anlage genauer an.

»Mmh, keine Hügel, keine Senken, der Windmesser in der richtigen Höhe – kommt, das schauen wir uns mal genauer an. Hast du eine Ahnung, wo dein Vater sich versteckt, wenn er Ruhe haben will?«

Janne zeigte durch das Fenster. »Der Wagen ist weg. Der säuft sich sicher in Fehrbellin die Hucke voll!«

Sie gingen hinaus, stapften durch das ungemähte, vertrocknete Gras, bis sie die Station erreichten. Tom schaute sich die Details an. »Da haben wir die Sensorik und die Datenerfassungsanlage, den Anschlusskasten für die Stromversorgung und den separaten Telefonanschluss zur Datenfernübertragung. Das hier ist der Blitzschutz – alles ist perfekt eingerichtet.«

Janne wusste nicht, was sie sagen sollte, und sah Tom an, als warte sie nur darauf, dass er aussprach, was gerade Gewissheit wurde.

»Schau, da haben wir die Stationskennziffer. 13005. Sehen wir doch mal nach, was diese Station an Daten geliefert hat und wer der Betreiber ist.« Tom tippte eine Weile herum und reichte dann Janne das Handy.

»Das kannst du ihn ja mal bei Gelegenheit fragen. Also ich meine, diese Daten sind ein hervorragender Beleg für die regionalen Auswirkungen der Klimawandels. Er hat die Station vor zehn Jahren von dem Vorbesitzer übernommen, was für Landwirte nichts Ungewöhnliches ist, aber warum leugnet er noch Fakten, die er selbst schwarz auf weiß dem Deutschen Wetterdienst liefert?«

»Das wüsste ich auch gerne«, murmelte Janne.

Mareike trat näher heran. »Hey, schön und gut, Dad, aber was soll ich jetzt tun?«, fragte sie.

»Du bist hier sicher«, sagte Janne. »Wer soll dich hier schon vermuten?«

Mareike zuckte die Schultern. »Kannst du die US-Anwälte dazu bringen, einzugreifen?«

Tom nickte. »Ich tue mein Bestes, Mareike, versprochen. Und wenn du doch zurück möchtest, dann sag es, und ich organisiere das. Deine Mutter vermisst dich ohnehin.«

»Zurück will ich erst, wenn ich mir sicher sein kann …«

Von hinten hörten sie Schritte im trockenen Gestrüpp.

»Ich pass schon auf euch auf«, sagte Robert und wankte über das Feld. Janne kochte vor Wut, dass er bei diesen Temperaturen betrunken war, und hätte ihm am liebsten einen Eimer kaltes Wasser über seinen roten Bluthochdruckschädel gekippt.

»Mädels, ich muss jetzt ins Institut und bin morgen wieder hier«, Tom wandte sich zum Gehen und fügte mit einem Blick auf Robert hinzu. »Mit dir habe ich noch einiges zu klären, mein lieber Bruder!«

»Ach wirklich?« Grußlos ließ er Tom gehen und stolperte auf Janne zu. »Janne, hilfst du mir jetzt beim Renovieren?«

»Was? Bei der Hitze? Das tue ich mir nicht an. Ich hab keinen Bock hierzubleiben.« Janne eilte Tom hinterher: »Wir kommen mit. Ich will wissen, wie das alles weitergeht.«

Mareike nickte, und Robert hob die Arme.

»Na toll, lasst mich ruhig alle alleine. Dann soll ich die Renovierung wohl ohne Hilfe angehen?«

In diesem Augenblick sah Janne, wie ein ihr wohlbekanntes Wohnmobil in die Auffahrt einbog. War das etwa Tobias?

»Robert, krieg dich ein, ich bin ja morgen wieder da.«

Tom wandte sich im Gehen noch einmal zurück zu Robert: »Eine schöne Wetterstation hast du übrigens da, du Klimaleugner!«

»Du mich auch!«

Kapitel 29

Die Jungs vom Sicherheitsdienst machten Augen, als ihr Direktor mit seinem Mercedes vorfuhr und ein in die Jahre gekommener weißer Jeep und ein Wohnmobil hinter ihm parkten. Vor dem Eingang des 2015 neu errichteten Instituts mit seiner markanten Holzfassade am Telegrafenberg wurde kurz vor 18 Uhr der Sicherheitsdienst aufgestockt. Die ersten Berichte, die nach dieser denkwürdigen Pressekonferenz eintrafen, rechtfertigten diese Maßnahme. Tom wunderte sich, dass bisher noch keine Reaktion des Vorstandes oder des Bundes erfolgt war, der den 1992 gegründeten Verein mitfinanzierte.

Janne, Tobias und Mareike folgten Tom in sein Büro. Gunnar saß mit sorgenvoller Miene zwischen Zeitungsbergen und Ausdrucken.

»So schlimm?«, fragte Tom seinen langjährigen Freund mit einem mulmigen Gefühl.

»Kommt drauf an, wie man es betrachtet. Wir haben Meldungen aus der ganzen Welt und viele positive Reaktionen. Das Echo ist klar getrennt zwischen links und rechts. Aber hier wird es jetzt heftig werden für dich und Lil!«

Gunnar rief die Website Deutschlands größter Tageszeitung auf. Dort konnte man in großen Lettern lesen: *Tat er es wegen dieser Frau?* Darunter ein Porträtfoto von Lil.

»Wie zum Teufel kommen die dazu? Ist das medienrechtlich überhaupt erlaubt? Was steht da drin?«

Gunnar zuckte mit den Schultern. »Sie glauben, dass du dich über alles hinweggesetzt hast, nachdem deine langjährige Kollegin zusammengeschlagen wurde. Sie wollen dich diskreditieren, das liegt doch auf der Hand«, sagte Gunnar und reichte Tom einen Ausdruck mit dem Kommentar des Chefredakteurs.

Tom las nur den Anfang des Artikels des Boulevard-Journalisten, der offenbar jede Veränderung als systemische Bedrohung empfand und damit den Klimaleugnern in die Hände spielte, so wie es die gesamte Murdoch-Gruppe weltweit schon seit Jahrzehnten tat. Immerhin stand dort nichts über ihre intime Beziehung. Dennoch war es wieder ein Beitrag, der seine Verbindung zu Lil in den Fokus der Öffentlichkeit brachte und sie damit vielleicht einer erneuten Gefahr aussetzte. Das Gleiche galt natürlich für Mareike, auch wenn sie hier glücklicherweise nicht erwähnt wurde. Sie hatte sich am Ende des Büros auf einen Stuhl gesetzt und starrte schweigend aus dem Fenster. Nicht weniger drastisch waren die Worte des Arbeitgeberpräsidenten, der selbstverständlich vor einem dramatischen Wirtschaftseinbruch warnte und dass das Land bei Umsetzung des Phönix-Programms vor der größten Krise stünde, die es je gesehen hatte. Das würde alle treffen, und der Wohlstand, den die Bürger jahrzehntelang genossen hatten, wäre verloren.

»Du musst doch dagegen vorgehen können«, meinte Janne an ihren Onkel gerichtet.

Tobias überflog die im ganzen Raum verteilten Magazin- und Zeitungsausschnitte. »Wir müssen als Bewegung mehr Signale setzen, gerade jetzt«, sagte Tobias.

»Woher kommt eigentlich dein Sinneswandel?«, fragte Janne leicht ironisch.

»Ich habe einfach mal alle Berichte studiert. Die Zahl der bedrohten Arten, die tatsächlichen Temperaturveränderungen, die bedrohten Flächen, die unter dem Hitzestress vermutlich schon bald kollabieren werden, das alles hat mich alarmiert. Es geht hier um den Zusammenbruch des gesamten Ökosystems, und man braucht kein Fachmann zu sein, um zu überschlagen, welche Folgen das haben wird. Wir haben daher das moralische Recht, Gewalt im Kampf gegen jede Verzögerung beim Umbau unserer Gesellschaften auszuüben, denn die Verweigerung des Wandels ist eine viel brutalere Gewalt«, erklärte Tobias und schaute Tom Beifall heischend an.

Tom erinnerte sich an seine Zeit in der linken Hausbesetzerszene. Er lächelte innerlich und verstand Tobias' Motivation. Doch zwischen seiner eigenen Jugend mit ihren politischen Träumen und manchmal recht unrealistischen Idealvorstellungen lag ein erheblicher Unterschied zur Gegenwart. Jetzt war eine ganze Generation dabei zu begreifen, dass es schlicht und einfach um ihr Überleben ging. Er war nie mit einer solchen Bedrohung konfrontiert gewesen. Nicht einmal der Kalte Krieg, in dessen Schatten seine Generation groß geworden war, kam an die fürchterlich reale Bedrohung durch die immer schneller voranschreitende Erhitzung heran.

»Ich kann euch da schlecht einen Rat geben. Aber eines nach dem anderem«, sagte Tom, ging zu seinem Tisch und drückte die Durchwahltaste seiner Sekretärin.

»Frau Fölz, bitte … Was? Ja, genau das meine ich. Vereinbaren Sie einen Termin mit dem Chef dieser verdammten Zeitung, und zwar so schnell wie möglich. Danke Ihnen.«

»Was hast du vor, diese Typen wollen dich fertigmachen«, sagte Janne.

»Ich denke nicht, dass sie das noch lange schaffen werden«, entgegnete Tom. »Es ist eine laute Minderheit …«

»Du gehst wirklich in die Redaktion dieser Schmuddeljournalisten?«, fragte Mareike, stand auf und ging auf Tom zu.

»Und wann sagst du es Lisa?«

»Was?«

»Du weißt genau, was ich meine«, zischte sie leise.

Tom spürte, wie ihm das Blut in den Kopf schoss, und wollte der Situation so schnell wie möglich entfliehen.

»Ich weiß nicht, wie sich die Lage für uns in den nächsten Tagen entwickelt, aber ich rechne mit mehr Demonstrationen gegen das Phönix-Programm. Und, mein lieber Tobias, die andere Seite hat durchaus auch ihre Gewaltfantasien. Die Polizei wird das Gelände hier schützen, ich sorge dafür, dass ihr hierbleiben könnt, bis sich die Lage wieder beruhigt«, sagte Tom und sah, wie Mareike ihm einen Vogel zeigte.

»Was ist?«

Auch Janne war nicht einverstanden.

»Jetzt ist die Stunde der Wahrheit. Wir müssen die Massen mobilisieren und den öffentlichen Raum besetzen und damit zeigen, dass wir in der Mehrheit sind. Außerdem kann ich Robert jetzt nicht tagelang in Lentzke hängen lassen. Ich hab ihn noch nie so erlebt, seitdem ihr aufeinander losgegangen seid.«

Tom schüttelte den Kopf.

»Wir erwarten in den kommenden Tagen Temperaturen von bis zu 50 Grad, da wird keiner mehr die Kraft haben zu demonstrieren.«

»Das werden wir ja sehen«, sagte Janne und signalisierte Tobias mit einer Handbewegung, dass sie gehen wollte.

Das Telefon klingelt. Tom nahm das Gespräch via Lautsprechfunktion an.

»Sie haben den Termin bei der Redaktion um 12 Uhr!«, hallte es in den Raum.

»Danke«, erwiderte Tom und legte auf. »Also Mädels, ich kann und will euch nicht vorschreiben, was ihr zu tun und zu lassen habt, aber passt auf euch auf. Mareike, nur eines. Ich bin morgen am Abend wieder in Lentzke. Wenn es nicht zu Bränden kommt, ist es dort sicherer als in Berlin, zumindest noch. Ich gehe davon aus, dass ihr euch umsichtig verhaltet, und ich kümmere mich darum, dass diese Bilder aus dem Netz verschwinden. Also dann bis morgen. Ich hab jede Menge zu tun.«

Janne spürte, unter welchem Druck ihr Onkel stand. Sie nickte zustimmend und trottete mit den anderen zum Ausgang. Sie hörte noch, wie Gunnar ein Telefonat annahm, »das darf doch nicht wahr sein!«, rief und Tom den Hörer reichte. »Das ist der Feuerökologe.«

Tom hielt die Telefonmuschel verdeckt und blickte Janne tief in die Augen, als wolle er den Ernst der Lage betonen.

»Bis morgen habe ich gesagt!«

Kapitel 30

POTSDAM – INSTITUT FÜR
KLIMAFOLGENFORSCHUNG – 38 GRAD

Tom hatte einen riesigen Fragenkatalog an den Feuerökologen. Wichtigster Punkt: Wie stand es um den Katastrophenschutz in Deutschland? Denn klar war, über viele Wochen würde es keine Entspannung am Firmament geben. Sonne, Sonne und noch mal Sonne, vielleicht für Monate.

»Hören Sie, Herr Beyer, grundsätzlich haben wir es verlernt, mit Katastrophen umzugehen, und schon gar nicht sind wir auf etwas dieser Dimension vorbereitet. Früher war sich der Mensch darüber im Klaren, dass er die Natur nicht unter Kontrolle hat. Wir haben es verschlafen, die Klimarisiken in allen Bereichen mitzudenken. Es gibt ja nicht mal genügend Altenheime, die ausreichend gekühlt werden können. Deutschland ist schlecht auf Extremwetter vorbereitet. Genauso, wie wir nicht begriffen haben, wie fragil der Frieden in Europa ist, unterschätzten wir die Klimakrise. Wissen Sie, was nützen Ausgangssperren, wenn alte Menschen dann in ihren Wohnungen verdursten?«, sagte der Mann, und da war nichts mehr, was Tom hätte beruhigen können.

»Wie schnell kann man der Politik klarmachen, dass wir handeln müssen, und zwar sofort?«

»Das kann ich Ihnen doch nicht sagen, und vielleicht muss dafür erst einmal das Kind in den Brunnen fallen. Wenn diese Hitzewelle über drei Monate dauert, sinken als Erstes die Flusspegel.

Kraftwerke müssen runtergefahren, der Strom rationiert werden. Es ist nur eine Frage der Zeit, wann uns das ganz konkret betrifft und das System kollabiert. Aber ich sehe auch diesen massiven Widerstand, den Fakten ins Auge zu blicken. Nach Ihrer Pressekonferenz muss ich Ihnen nichts mehr über Anpassungsstrategien erklären, daran kommen wir nicht vorbei. Wenn es nicht dieser Sommer ist, dann halt der nächste. Aber das Schlimmste ist, dass wir nicht einmal auf Waldbrände ausreichend vorbereitet sind. Es fehlt an Ausrüstung und an einem Austausch zwischen Forst- und Feuerwehrleuten, auch über die Grenzen der Bundesländer hinaus. Und wir verfügen nur über eine lächerliche Zahl an Löschhubschraubern.

»Was ist mit Löschflugzeugen?«

»Nein, Hubschrauber können schneller betankt werden. Allerdings ist die Hälfte der Flotte kaputt. Meine einzige Hoffnung ist, dass wir nach diesem Höllensommer endlich mehr politisches Verantwortungsbewusstsein vorfinden. Wir wissen viel über Extremwetter. Aber die übergeordneten Muster dieses Wechselspiels zusammenzuführen und richtig zu interpretieren, da sind wir noch auf einem grauenhaften Niveau.«

Tom sah Gunnar an, der alles mithörte. Seine Stirn lag in tiefen Falten.

»Was können wir kurzfristig tun?«

»Wir arbeiten dran, Herr Beyer. Die Bundesregierung weiß, dass wir mit über 100 000 Feuerwehrleuten grundsätzlich gar nicht so schlecht aufgestellt sind. Nun wird die fehlende Ausrüstung besorgt. Wir brauchen schnell mehr Vorsorge. In den USA ist man damit schon weiter. Dazu gehören auch Kühlzentren für vulnerable Gruppen und all die Maßnahmen, die Sie selbst für den urbanen Raum beschreiben. Aber für diesen Sommer sehe ich wirklich schwarz.«

»Okay, danke für dieses Lagebild. Halten Sie mich bitte auf dem Laufenden und unterstützen Sie uns, in Ordnung?«

Kurz war es ruhig am anderen Ende der Leitung.

»Herr Beyer, ein persönliches Wort noch. Sie haben sehr viel in die Waagschale geworfen und große Risiken auf sich genommen. Aber ich denke, es stehen mehr Menschen und vor allem Wissenschaftler aller Disziplinen hinter Ihnen, als Sie glauben.«

Tom bedankte sich und legte auf. Gunnar stand am Fenster und rief: »Wir werden es nicht schaffen, Tom, ist dir das denn nicht klar?«

»Stephen Hawking …«

»Was?«

»Er meinte, wir sind nur eine etwas fortgeschrittene Brut von Affen auf einem kleinen Planeten, der um einen höchst durchschnittlichen Stern kreist. Nichts, worauf wir stolz sein könnten.«

Gunnar nickte und lachte. »Und demnach wäre es kein großer Verlust, wenn unsere unvollkommene Spezies aus dem Universum verschwände. Ist diese Sicht nicht sogar nachvollziehbar? «

Nicht auch noch du, dachte Tom.

»Nein! Wir werden das in den Griff bekommen. Dafür habe ich ganz konkret meiner Nichte mein Wort gegeben. Die Welt ist voller Schwarzmaler. Was wir aber brauchen, ist Optimismus und Leidenschaft. Nicht Zweckoptimismus, sondern den Glauben daran, dass wir am Ende doch die Fähigkeit haben werden, die Probleme zu erkennen und Lösungen zu finden. Ich bin überzeugt, dass wir das schaffen. Und wenn wir dann diesen schmerzlichen und einschneidenden Schritt gegangen sind, dürften viele andere zivilisatorische Herausforderungen gleich mit gelöst werden. Klimawandel und Klimagerechtigkeit sind eng miteinander verknüpft. Natürlich müssen wir den technischen Fortschritt mit aller Macht vorantreiben, aber du weißt, dass ich schon immer bezweifelt habe, dass wir das nur damit in den Griff bekommen. Vor allem brauchen wir eine ethische Entwicklung, den klar formulierten Konsens, dass wir eine einzige Menschheitsfamilie sind und dass wir unseren schönen Planeten nur erhalten können, wenn das Wohl aller garantiert ist. Komm schon, Gunnar, my best friend, wenn mir jemand wie du jetzt einknickt, was bleibt mir dann noch. Kommst du morgen mit in diese Redaktion?«

»Ach Tom, du bist echt unverbesserlich, aber you made my day!«, sagte Gunnar. »Klar komm ich mit!«

Er ging auf Tom zu, die Umarmung war herzlich und beruhigend. Tom verschwieg, wie sehr er sich selbst zu diesem Optimismus zwingen musste. Aber was wäre die Alternative?

Gunnar setzte sich wieder an den Schreibtisch. »Hast du gesehen, Ron Huber hat sich eben zu unserer Initiative geäußert. Damit habe ich nicht gerechnet.«

Tom stellte sich hinter Gunnar und las über dessen Schulter hinweg, wie Ron Huber in absolut mustergültiger Sprache der Diplomatie Stellung bezog:

Aus wissenschaftlicher Sicht und der überwiegenden Mehrheit der beteiligten Forscher ist das Phönix-Programm eine wichtige Etappe zur Realisierung einer neuen Wahrnehmung hinsichtlich der dramatischen Entwicklung und Geschwindigkeit, mit der der Klimawandel die internationale Sicherheit und Gesundheit der Menschen akut bedroht.

Nur Toms Boykottaufruf des nächsten Klimagipfels erwähnte er mit keinem Wort. Das dürfte am Ende ohnehin jedem Wissenschaftler freigestellt sein, dachte Tom. Er atmete tief ein. Es tat gut, sich der grundsätzlichen Unterstützung der Kollegen bewusst zu sein. Ein Trumpf mehr im Ärmel, um der nun zu erwartenden erbitterten Kampagne seiner Gegner entgegenzutreten.

»So, jetzt hab ich noch Lil auf das vorzubereiten, was da kommt. Also entschuldige mich einen Moment.«

»Woher kommt nur diese erbarmungslose Gegnerschaft?«, fragte Gunnar und stand auf, um den Raum zu verlassen. »Angst vor Veränderung alleine kann es kaum sein. Um so borniert die

Fakten zu leugnen, braucht es mehr. Was steckt also dahinter? Ich verstehe das einfach nicht …«

»Alter Kumpel, wir stehen das durch. Danke für alles.«

Gunnar schloss die Tür hinter sich.

Tom setzte sich und wartete, dass Lil abhob. Er war unsicher, wie sie seinen Anruf aufnehmen würde.

»Tom! Ich habe mich schon gefragt, wann du dich meldest«, sagte Lil. Ihre Stimme klang klar und fröhlich.

»Du weißt, was passiert ist?«

»Natürlich, und du musst kein schlechtes Gewissen haben. Es ist mir völlig egal geworden, was so über mich geschrieben wird. Ich bin hier sicher!«

Tom musste es ihr jetzt sagen.

»Es gibt noch ein Problem …«

»Was denn?«

»Mareike weiß von uns, und ich denke, dass meine Zeit hier bald zu Ende geht. Wie du es dir gewünscht hast: Ich möchte noch etwas vom Leben haben.«

Lil lachte: »Das glaube ich erst, wenn du vor meiner Tür stehst.«

Toms Handy vibrierte. Er schaute kurz auf den Sperrbildschirm. Eine Nachricht von Lil.

»Was ist das?«

»Meine Adresse. Gute 150 Kilometer nördlich von Montreal. Passt bloß auf euch auf.«

Tom schwieg ins Telefon. Er wusste, dass es nun Zeit war, seiner Frau Lisa reinen Wein einzuschenken, bevor es Mareike rausrutschte. Es würde einfach nur darum gehen, die Wahrheit, die sie sicher schon lange spürte, auszusprechen. Trotzdem hatte er Angst vor Lisas Enttäuschung. Schon lange hatte sie ihm vorgeworfen, dass sich immer nur alles um ihn und seine Mission drehte und ihre Bedürfnisse und die ihrer gemeinsamen Tochter nur unter ferner liefen rangierten. Dass er sich und Lisa nun eingestehen musste, dass ihre Beziehung nicht nur erkaltet, sondern final gescheitert war, war wohl sein persönlicher Preis, den er für seine Überzeugungen bezahlen musste.

Einen Moment lang sah er Lils vertrautes Gesicht vor sich. Wie sie ihn anschauen würde. Vielleicht sollte er ihr gestehen, dass es ihm das Herz zerriss, Lisa zurückzulassen.

»Hör zu! Das kam gerade über die *New York Times*«, sagte Lil, und ihre Stimme klang plötzlich niedergeschlagen. Der englische Wetterdienst MetDesk sagte für Spanien, Italien und Südfrankreich historische Höchstwerte jenseits der 50-Grad-Marke voraus. In der zweiten Juniwoche würde auch der Norden Europas mit diesen Temperaturen rechnen müssen. Die spanischen Flughäfen stellten vorübergehend den Betrieb ein.

»Jetzt kommen wir an den Punkt, wo die Infrastruktur betroffen sein wird. Warte nicht, bis du keinen Flug mehr bekommst.«

Tom überlegte einen Moment.

»Warum willst du mich plötzlich?«

»Ich habe dich immer gewollt, aber vielleicht nicht so, wie du dir das vorgestellt hast. Aber jetzt ist alles anders, das habe ich gespürt in den letzten Monaten. Aber vielleicht weißt du das selbst noch nicht.«

»Das ist doch nicht alles …«

»Nein. Ich will die letzte Zeit, bevor es richtig schlimm wird, mit einem Mann verbringen, der mich liebt, der so schlau ist wie du, der Sinn für Realität hat und sich nichts mehr vormacht«, sagte Lil.

An Lils leicht resignierter Stimmlage konnte Tom erahnen, was in ihr vorging. Es schmerzte ihn zu wissen, dass sie den Glauben an seinen Kampf verloren zu haben schien. Vielleicht hatte sie recht damit, und seine Aufgabe war getan. Mittlerweile gab es genügend andere Wissenschaftler und Experten, die das Phönix-Programm angehen konnten. Es war an der Zeit für ihn, aus der Schusslinie zu treten. Aber die Zukunft von Janne und Mareike, ja selbst die seines bärbeißigen Bruders wollte er nicht einfach dem Zufall überlassen. Und es gab noch eine Rechnung zu begleichen.

»Ich bin bald da. Am liebsten würde ich sofort in den Flieger steigen, aber du weißt, ich muss hier noch einige Dinge abschließen.«

»Brich mir nicht das Herz, Tom!«

»Nein, keine Sorge. Ich melde mich, wenn ich den Flug gebucht habe.«

»Bye. Love you.«

»Ich freu mich auf dich«, sagte Tom und legte auf.

Kapitel 31

POTSDAM – INSTITUT FÜR
KLIMAFOLGENFORSCHUNG – 36 GRAD

Mareike ging zum Auto, um sich eine Flasche Wasser zu holen.

Tobias und Janne setzten sich vor dem Institut auf eine Bank. »Keine Ahnung, ob wir das schaffen, trotz der Hitze bis morgen genug Leute für eine Demo zusammenzutrommeln«, grübelte Janne laut. »Tom hätte sich ja wenigstens mal dazu äußern können. ›Ich weiß nicht, was ich euch raten soll‹, pah – ich meine, war das sein Ernst?«

»Ich denke, das war wegen Robert. Und ehrlich gesagt, nach dem, was in den letzten Tagen passiert ist, sind die Demos wirklich nicht ungefährlich«, sagte Mareike, die sich an einen Baum neben der Bank gelehnt hatte.

»Wie meinst du das?«

»Temperaturen um die 50 Grad sind nicht nur für alte Menschen gefährlich!«

Janne sah in Tobias' grinsendes Gesicht.

»Euch ist schon klar – wenn wir heute genug Leute zusammenbekommen, stehen da morgen ein halbes Dutzend Wasserwerfer, die uns schön abkühlen.« Tobias rieb sich das Kinn mit dem Dreitagebart und blickte auf das Institut. »Aber im Ernst, Janne, ich finde, wir müssen das tun. Wir merken teilweise nicht einmal, wie unsere Positionen systematisch von Teilen der Medien diskreditiert werden. Ich schreib den Text und schick es in die Gruppen.«

Janne nickte. »Ja genau, und das hat Methode. Schon das Nach-denken eines einzigen Aktivisten über radikalere Aktionen wird gleich mit der Roten Armee Fraktion verglichen. Und dann wird gleich der ganzen Bewegung verfassungsfeindlicher Radikalismus unterstellt.« Sie hielt kurz inne. »Okay, wir tun es. Wir trommeln die Leute zusammen«, sagte Janne entschlossen und sah, wie Ma-reike teilnahmslos in den Himmel schaute.

»Hey, alles okay mit dir?«

Mareike schaute sie nicht an.

»Na klar, alles bestens. Bis auf den klitzekleinen Fakt, dass mein Vater gerade öffentlich zerlegt wird, weil er eine Affäre mit einer jüngeren Frau hat. Und meine Mutter weiß nicht, wie lange er sie schon belogen hat.«

»Von einer Affäre steht aber nichts in der Zeitung.«

»Das kommt dann sicher noch. Ich hab seine Augen gesehen, als ich ihm gesagt habe, er solle es endlich meiner Mutter sagen. Seit bald einem Jahr sieht er sie kaum noch. Und ich finde, sie hat ein Recht darauf, es zu wissen.«

»In dem Jahr, seit er hier ist, hat er Lil doch kaum gesehen, bleib mal locker!«

Es gibt immer zwei Seiten, dachte Janne. »Menschen entwi-ckeln sich nun mal in verschiedene Richtungen. Du hast doch selbst gesagt: Scheiß auf die Zwänge einer biologischen Familie.«

Mareike stand auf und nahm die leere Wasserflasche mit.

»Wie du siehst, gelingt das nicht einmal Tom, der sich plötzlich um seinen Bruder sorgt.«

»Tut er nicht, es geht ihm um uns, Mareike. Ich habe verstan-den, dass du nicht sonderlich happy über einen chronisch über-arbeiteten Vater warst, aber versetz dich doch auch mal in seine Lage!«

»Ist ja schon gut«, sagte Mareike leise. »Wir sollten lieber eine Runde vögeln, anstatt die ganze Zeit an den Weltuntergang zu denken.«

Mareikes Blick zu Tobias löste in Janne eine Mischung aus Lachkrampf und Wut im selben Moment aus. Tobias schaute bewusst weg, als hätte er das nicht gehört.

»Spinnst du jetzt komplett? Und das wäre dann in Ordnung, während du Tom für eine Affäre verurteilst?«

Mareike schmiss die Wasserflasche im hohen Bogen weg. »Das ist etwas anderes. Ich bin nicht verheiratet, ich habe keine Kinder, ich habe niemanden was weiß ich wie lange belogen. Das Einzige, was ich habe, ist eine völlig ungewisse Zukunft, ja, da hilft auch einfach mal vögeln.«

»Hey, hey, beruhigt euch mal«, forderte Tobias und mit Blick zu Mareike: »Du findest schon jemanden, wenn es denn sein muss, aber ich bin der Falsche dafür!«

Janne spürte, dass es Tobias damit völlig ernst war. Mareike lachte nur und vergrub ihren Kopf in ihren Händen. Irgendwie tat ihr Mareike leid, aber das war auch alles. Und bevor sie ihr sagen wollte, dass es vielleicht gut sei, eine Zeit lang getrennte Wege zu gehen, wenn sie das gerade wirklich ernst gemeint hatte, kam Tom aus dem Institut, sah sich um und lief auf sie zu.

»Hört zu, es gibt ein Problem. Für morgen haben sich Demonstranten angekündigt. Die Polizei ist vollkommen überfordert. Sie können nicht garantieren, dass das Institut vollumfänglich geschützt werden kann. Fahren wir lieber zurück nach Lentzke und klären dort, wie es weitergeht. Außerdem wird es morgen so heiß werden, dass ich euch bitten würde, Berlin zu meiden. Janne, habt ihr eigentlich einen Keller?«

Janne sah Tobias an, der tief Luft holte und beinahe einen Stinkefinger gezeigt hätte, wenn Janne ihm nicht den Arm festgehalten hätte.

»Zu spät, für die Aktion Demo ist schon alles vorbereitet«, konterte Tobias. »Und was soll die Frage mit dem Keller?«

»Herr Gott, du Oberschlaumeier, ein Keller ist kühler!«, donnerte Tom. »Außerdem müssen wir die kommenden Tage weitaus mehr aushalten. Morgen werden bis zu 50 Grad erwartet. Janne, ich muss mit Robert reden.«

»Ist schon okay, aber wir fahren morgen trotzdem nach Berlin!«

»O Mann, schaut mal diesen Livestream«, sagte Mareike und sah Tom an, als wäre er ein Fremdling. »In Bayern sind an sechs Stellen Brände ausgebrochen, und die Winde treiben das hammermäßig an – o Gott, Feuerwehrleute wurden vom Feuer eingeschlossen und …«

Tom nickte und versuchte, die Dramatik zu entschärfen.

»Die werden das schon in den Griff bekommen, also fahren wir. Gebt mir zehn Minuten. Ich muss noch allen hier Bescheid sagen, dass das Institut morgen geschlossen bleibt.«

Jetzt wurde es sogar Janne mulmig, und auch Tobias senkte den Kopf.

Frau Fölz, Toms Sekretärin, kam heraus. »Herr Beyer, das Bundesumweltministerium für Sie, Staatssekretär Stefan Roland möchte Sie sprechen, er klang ziemlich nervös und sagte, es wäre dringend!«

»Ich ruf ihn zurück.«

Kapitel 32

LENTZKE – 37 GRAD

Die Ankunft in Lentzke wurde von einem glutroten Sonnenuntergang begleitet. Die Grillen übertönten den einsetzenden Wind. Tom parkte seinen Wagen hinter Roberts Jeep und stieg aus. Mareike, Janne und Tobias hatten sich Handtücher unter die Arme geklemmt.

»Was habt ihr vor?«

Mareike wedelte mit ihrem Tuch. »Schwimmen gehen, würde dir vielleicht auch guttun.«

»Robert?«

»Ist drinnen, viel Spaß«, rief Janne.

Tom nahm zwei Flaschen Wasser aus dem Wagen, und kaum hatte er sich umgedreht, kam Robert schon aus der Tür.

»Na, bist du nun zufrieden, nachdem du alle verrückt gemacht hast?«, frotzelte Robert und setzte sich auf die Steintreppe vor dem Eingang.

Tom hatte keine Lust, darauf einzugehen, setzte sich neben ihn und reichte ihm eine der Flaschen.

»Warum hast du mich angelogen. Du hast das Land nicht verkauft.«

»Ich hab den Termin verpasst, nichts weiter.«

»Ich habe das Geld überwiesen. Ein Kollege von mir hat in Costa Rica viel Erfahrung gesammelt, wie man die Landwirtschaft so organsiert, dass die Böden und Pflanzen besser mit dem Hitze-stress umgehen können.«

Robert lachte laut auf.

»Und dann. Wer soll das weiterführen? Ich bin kaputt von der Arbeit. Manchmal fühlt es sich auf dem Feld an, als würde alles um mich herum in Flammen stehen. Selbst wenn ich sehr früh aufstehe, ist die Arbeit, bevor die Hitze zuschlägt, fast nicht zu schaffen, da ich nachts kaum schlafen kann. Jede Bewegung kostet Überwindung. Ihr in euren Luxushotels und Kongressen, ihr schwafelt nur die ganze Zeit. Ich aber arbeite noch so lange, wie mein Körper durchhält, und dann bin ich tot. Das Einzige, was mich noch interessiert, ist, dass Janne ein Dach über dem Kopf hat. Die hat doch noch nichts Richtiges gelernt und schwänzt die Uni, um ihre Zeit auf Demos zu verschwenden.«

Tom war müde und verwirrt. Eigentlich war sich Robert also doch darüber im Klaren, dass es so nicht mehr weitergehen konnte.

»Frag Janne, ob sie den Hof übernehmen will.«

Robert räusperte sich und schüttelte den Kopf.

»Ich habe mein ganzes Leben darauf ausgerichtet, dass es Siggi und Janne trotz aller Widrigkeiten gut geht. Und du? Wer ist diese Frau aus der *Bild*zeitung? Und wieso ist Lisa nicht mit dir hier?«

Tom schluckte. Auch er hatte sein ganzes Leben einer einzigen Sache gewidmet. Seine Arbeit war seine Obsession, und Lisa hatte in dieses Leben irgendwann einfach nicht mehr reingepasst. Aber nicht so bei Robert. Der hatte Siggi einfach verloren. Für einen Moment wusste Tom nicht, ob er seinem Bruder wirklich helfen konnte. Robert hatte viel von ihrem gemeinsamen Vater, der eben-falls am Alkohol zerbrochen war, da der konstante wirtschaftliche Druck ein Ventil brauchte.

»Lisa und ich haben uns auseinandergelebt, aber das verstehst du nicht. Da wird nur eine Kampagne gegen mich gestartet.«

»Ah ja, ich bin ja zu inkompetent. Aber meine Tochter treibst du in den Widerstand, du falscher Moralist.«

Tom sah in das zerstörte Gesicht seines Bruders mit den tiefen Furchen und glasigen Augen.

»Ich bin kein Moralist. Weltweit rufen mittlerweile renommierte Klimaforscher zu zivilem Ungehorsam auf, und sie beteiligen sich auch selbst an Protesten. Wir leben ja nicht in einem Elfenbeinturm oder, wie du, in einer Verschwörungsblase. An dieser Bewegung beteiligen sich Tausende Forscher aller Karrierestufen, vom Doktoranden bis zum erfahrenen Wissenschaftler, und das ist richtig so. Notwehraktionen von jenen, die schon heute wissen, wie schlimm die Katastrophe bald werden wird. Wir reden von Millionen Toten durch Hitze und Ernteausfälle. Letzteres solltest du am besten wissen.«

»Das ist doch Schwachsinn, so schnell kann das doch gar nicht gehen. Und was ist, wenn deiner Tochter und Janne auf den Demos irgendwann etwas passiert?«

»Gott, Robert, hör auf zu saufen und wach auf. Solange die, die am meisten über den Klimanotstand wissen, sich einsetzen, ist das ein gutes Zeichen, denn im Gegensatz zu dir haben wir noch nicht aufgegeben.«

Plötzlich stand Janne im Bikini mit nassen Haaren vor Tom und verschränkte die Arme.

»Ähm, darf ich dann bitte fragen, warum du uns vorhin im Institut gebeten hast, die Demo nicht zu organisieren?«

Robert schaute Tom an.

»Oh, in meinem Bruder wohnt doch noch so was wie Vernunft?«

»Lässt du mich und deinen Vater noch einen Moment in Ruhe? Ihr könnt natürlich tun und lassen, was ihr wollt. Aber morgen wird es extrem heiß. Wo ist Mareike?«

»Ist mir gerade ziemlich egal!«

Janne drehte sich mit schnippischem Blick um und ging ins Haus. Tom überhörte die Wut in Jannes Stimme und legte die Hand auf Roberts Schulter.

»Ich möchte, dass du und Janne zur Ruhe kommen könnt, und deswegen überweise ich dir das Geld. Aber Janne leidet unter deiner Sauferei, und du weißt am besten, wo das endet. Ich bin damals gegangen, weil ich nicht verstanden habe, wie unser Vater das, was er als falsch erkannt hat, einfach weitermachen konnte. Und dabei belassen wir es jetzt!«

Robert schaute ihn an und rieb sich die Augen.

»Was bleibt eigentlich von uns allen übrig, wenn du und deine Wissenschaftler recht behalten?«

»Bronzefiguren.«

»Witzbold.«

»Nein, wirklich, Bronzefiguren werden vermutlich das Ende unserer Zivilisation rund zehn Millionen Jahre überdauern. Aber so weit ist es noch nicht, mein Lieber. Ich sehe in Janne und ihrer Generation die größte Chance.«

Das erste Mal, seit sie sich wieder begegnet waren, hatte Tom das Gefühl, dass Robert gerade nüchtern war.

»Weißt du, wo der ganze Scheiß angefangen hat? Kannst du dich noch erinnern, wie wir als Kinder immer in den kleinen Kaufmannsladen gegangen sind und Bonbons geklaut haben?«

Tom musste plötzlich lachen, er hatte ihre kindlichen Raubzüge noch genau vor Augen. »Ja, aber ich weiß nicht, was du meinst.«

»Daneben war ein guter Bäcker und eine Straße weiter ein Obsthändler, ein Fischladen und ein Schlachter, und alles kam aus der Region. Ja, und dann kam der erste Supermarkt und dann der zweite. Und nur wenige Zeit später waren alle kleinen Händler verschwunden, und die regionale Produktion musste mit den neuen Kampfpreisen für Überseeprodukte mithalten und so weiter. Allein der Transport und die Massenproduktion …«

»Und zur gleichen Zeit begann dann auch der Wahnsinn mit der Auslagerung der Krabbenpuler nach Marokko«, unterbrach Tom seinen Bruder.

»Ja ganz genau, und bei uns gingen die Arbeitsplätze hops!«

Tom dachte kurz nach und sah die Gelegenheit, seinen Bruder endlich zu überzeugen. Er setzte sich neben ihn und sah ihm in die Augen.

»Und bereits damals, mein Lieber, haben erste Wissenschaftler gesagt: Leute, so machen wir den Planeten kaputt. Gegen sie wurde damals eine unfassbare Kampagne lanciert, die extrem erfolgreich war und zugleich den notwendigen Ausstieg aus den fossilen Energien um Jahrzehnte verzögerte und den Raubbau an der Natur weiter vorantrieb. Einer kleinen Gruppe Superreicher gelang es, Politik und öffentliche Meinung zu ihren Gunsten zu beeinflussen. Und jetzt zahlen wir und unsere Kinder dafür den Preis in Form von immer schlimmeren Hitzeperioden, Flut, Dürre und Stürmen. Wie sagte der UNO-Generalsekretär Guterres so treffend: ›Wir haben unser eigenes Zuhause angezündet.‹«

Robert sah ihn an. »Und nun?«

Erleichtert nahm Tom seine Flasche Wasser und trank sie in einem Zug aus.

»Meine Sorge ist im Moment, dass der deutsche Katastrophenschutz selbst eine Katastrophe ist. Wenn die Brände zunehmen, wird es für viele Menschen gefährlich, und von den Hitzetoten will ich gar nicht sprechen.«

Robert setzte ein breites Grinsen auf, das Tom überhaupt nicht passend empfand.

»Komm mit, ich zeig dir was.«

Tom folgte Robert ins Haus und in die Küche. Der öffnete eine Tür, die Tom zunächst für eine Speisekammer hielt. Robert schaltete das Licht an, und Tom folgte ihm eine schmale Steintreppe hinunter. Gleich wurde es deutlich kühler.

»Ach du Scheiße!«

Tom stand vor Regalen gefüllt mit Einweckgläsern, Konservendosen und unzähligen Wasserflaschen. Am Ende des Raumes war ein Stromaggregat aufgebaut, es gab Batterien, Gasflaschen, Kurbelradio, einfach alles, was man zum Überleben brauchte. Für einen Moment dachte Tom, dass die Verschwörungstheorien wenigstens einen Vorteil hatten, wenn sich diese Menschen wirklich auf einen Notfall vorbereiteten.

»Darin warst du immer gut, mein Lieber. Das hast du dir …«

»… von unseren Großeltern abgeschaut. Ganz genau. Während du Städtler vermutlich höchstens Essen für zwei Tage im Kühlschrank hast.«

Kapitel 33

LENTZKE – 38 GRAD

Janne schaute aus dem Wohnmobil und sah Mareike unter einem Baum im Innenhof im Schatten sitzen. Tobias hatte sich nach einer Flasche Wein früh ins Bett verabschiedet und schlief noch. Gott sei Dank trank er selten. Es war gerade mal halb neun, und ihr schlug eine schwüle Hitze entgegen. Im Innenhof gab es bis auf die wenigen alten Linden nichts außer längst verdorrtem Rasen. Der leichte Wind wirbelte die staubtrockene Erde auf.

Sie ging zu Mareike, die sie nur kurz zur Kenntnis nahm, um sich dann wortlos wieder ihrem Smartphone zu widmen. Janne ahnte etwas, ging zur Ausfahrt und sah, dass Toms Wagen bereits fort war. Sie kehrte zu Mareike zurück.

»Er hätte uns schon mitnehmen können«, protestierte sie.

»Glaub kaum, dass er dazu in der Stimmung war.«

»Was ist passiert?«

»Er hat es Lisa gesagt. Meine Eltern lassen sich scheiden!«

Mareike kreuzte die Arme und strich sich mit den Händen die Oberarme, als würde sie frieren. Janne wunderte sich, dass sich Mareike, die doch sonst so geringschätzig von den Zwängen biologischer Verwandtschaft sprach, nun so niedergeschlagen war.

»Hör zu, ich habe gelesen, dass immer mehr Flughäfen schließen, da der Asphalt auf den Landebahnen durch die Hitze platzt. Ich möchte aber jetzt bei meiner Mutter sein, verstehst du?«

Janne war plötzlich klar, dass Mareike mit ihrem Vater innerlich abgeschlossen hatte.

»Du kommst nicht zurück, oder?«

Mareike strich sich durch die verzottelten Haare und schüttelte den Kopf.

»Aber warum gerade jetzt. Du sagtest doch, du hättest Angst, dass man dich dort erkennt und dass …«

»Janne, was hab ich hier schon?«

»Mich? Tom? Tobias mag dich auch.«

»Pff, Tom. Ich hab dich wirklich lieb, Cousine, aber der Kampf, den ihr führt, ist nun einmal nicht meiner, und ich glaub auch nicht mehr daran.«

Janne wusste nicht, wie sie ihre Enttäuschung verbergen sollte. »Hast du das gestern mit dem Dreier wirklich ernst gemeint?«

»Oh my god, das war ein Scherz, und wenn schon, hab ja 'ne deutliche Abfuhr bekommen. Wir sind da wohl ziemlich unterschiedlich«, frotzelte Mareike.

»Ja, sind wir wohl«, resignierte Janne mit einem zaghaften Lächeln.

»Du hast Tobias. Ich habe meine Mutter, die immer für mich da war, und meine Freunde in Amerika, so ist es nun mal. Ich will beim nächsten Spring Break wieder in Florida sein. Ich bin ja nicht blöd, Janne, ich weiß selbst, wie sich die Welt verändert, aber ich hab auch nichts davon, hier weiter mit euch in dieser Untergangsstimmung zu leben, das ist doch kein Leben. Tut mir leid. Ich muss jetzt nach Berlin, mein Zimmer auflösen und den nächsten Flug nehmen«, sagte Mareike, und ihre Augen wirkten so entschlossen, wie Janne es bei ihrer Cousine noch nie gesehen hatte.

Sie hat das Recht zu tun, was sie will, dachte Janne. Trotzdem fühlte sie sich einsam und verlassen, denn so unterschiedlich sie auch sein mochten, war das letzte Jahr intensiv, und sie hatten viel Zeit miteinander verbracht. Aber nun es war wohl an der Zeit, dass sie ihren Frust woanders ablud.

»Weiß Tom davon?«

»Nein. Und du sagst es ihm auch erst, wenn ich im Flieger sitze, versprochen?«

Janne nickte. Von hinten näherte sich Tobias.

»Guten Morgen. Die Hitze ist ja jetzt schon nicht auszuhalten. Bist du sicher, dass wir nach Berlin fahren?«

Janne musste lachen, das zerknautschte Gesicht von Tobias lenkte sie kurz ab.

»Äh, du musst nicht mitkommen, aber Mareike muss nach Berlin.«

»Ich bin in fünf Minuten abfahrbereit!«

Kapitel 34

BERLIN – 46 GRAD

Gunnar hatte um zehn Uhr ins Café Einstein zum Frühstück geladen. Tom erreichte nach einer tropisch schlaflosen Nacht in Lentzke den Kurfürstendamm und erschrak, als dort die Berliner Polizei mit Lausprechern die Menschen dazu aufrief, auf sich und ihre Angehörigen zu achten, da die Mittagshitze als lebensgefährlich eingestuft wurde. Nur keinen Kaffee trinken, dachte Tom, betrat das klimatisierte Etablissement, sah sich um und konnte Gunnar nicht finden.

»Tom, hier hinten!«

Gunnar saß ganz am Ende in weißem T-Shirt und kurzer Hose vor seinem Laptop. Seine blauen Augen waren gerötet und glasig.

»Hey, moin, moin, alles klar?«, fragte Tom und bat eine junge Kellnerin um ein Mineralwasser mit Zitrone. Gunnar drehte ihm den Laptop zu, damit er selbst lesen konnte.

Die Bundesregierung ließ verlautbaren, dass man in dieser Hitzewelle mit steigenden Hospitalisierungen rechne, die die Opferzahlen der Corona-Krise weit in den Schatten stellen könnten. Es müsse derzeit geprüft werden, wie man vulnerable Gruppen schütze, um das Gesundheitssystem nicht an seine Grenze zu bringen. Dann klickte Gunnar weiter.

»Ich dachte, ich briefe dich mal mit den aktuellsten News, bevor wir tatsächlich zu diesem Schmierfinken gehen.«

Knapp 800 Feuerwehr-Einsatzkräfte aus Nordrhein-Westfalen waren in der Nacht in die griechischen Waldbrandgebiete in der Gegend von Athen aufgebrochen. Ein entsprechendes Hilfeersuchen war über die Europäische Union eingegangen. Der Konvoi aus sechzig Fahrzeugen sollte den Kampf gegen das Flammeninferno unterstützen. Die Spezialkräfte würden am Morgen auf dem Land- und Wasserweg eintreffen. Weitere tausend Kräfte aus dem gesamten Bundesgebiet würden parallel dazu in den kommenden Tagen Richtung Sizilien aufbrechen, wo die Regierung wegen der Waldbrände für sechs Monate den Notstand ausgerufen hatte. Hier herrschte permanent das Risiko, dass die Lage eskalierte und weitere Ortschaften aufgegeben werden müssten.

»Alles Kräfte, die hier bei uns bald fehlen werden«, sorgte sich Gunnar.

Ein kleiner Lichtblick: Infolge der weiteren Pressekonferenzen rund um das Phönix-Programm hatten viele Regierungen endlich zugestimmt, nun die Erforschung der Climate-Engineering-Methoden zu forcieren. Die erneute drastische Ansage des UNO-Generalsekretärs, dass die Menschheit gerade dabei sei, kollektiven Selbstmord zu begehen, mag das Ihre dazu beigetragen haben. Plötzlich wurde auch den Zauderern klar, dass die Welt mit dieser Geschwindigkeit der Erhitzung gerade buchstäblich in Brand geriet. Aber auch die Eskalationen der Proteste von Klimagegnern wurden weltweit debattiert. Besonders die Liste der Einschränkungen, die Tom und seine Kollegen forderten, schlug hohe Wellen. In den sozialen Medien ereiferten sich Befürworter und Gegner. Letztere waren zwar in der Minderheit, aber ganz wie auf der Straße: laut, vulgär und zum Morden bereit.

Dann zeigte Gunnar seinem Kollegen die Foren, in denen der feine Ex-Freund von Mareike ganze Arbeit geleistet hatte. Ihr Foto ging nicht nur einfach viral, sie wurde zur negativen Ikone stilisiert. Auf dem Profil mischten sich wirre Kommentare mit Morddrohungen.

Gunnar lud eine weitere Website. »Hast du die Anwälte darauf angesetzt?«

»Ja, aber das geht nicht so schnell, wie du glaubst. Ich muss mich später darum kümmern.«

»Die Einschläge kommen näher. Du solltest darüber nachdenken, ob ihr hier noch sicher seid.« Gunnar schob den Rechner näher zu Tom und zeigte auf den Bildschirm.

In Italien wurde wie schon im Vorjahr in der Region Piemont und Lombardei nachts die Trinkwasserversorgung für private Haushalte eingestellt. In manchen Gebieten hatte es seit 140 Tagen nicht mehr geregnet. Tagsüber belieferten Tanklaster die Menschen mit Wasser, weil die Wasserspeicher leer waren. In Portugal wurde der landesweite Notstand ausgerufen, da die Krankenhäuser die Flut an Hitzeopfern nicht mehr bewältigen konnten. Australien, die USA, Indien, Pakistan meldeten den Tod Tausender Menschen. Sterbende Rinder, Vögel, die dehydriert einfach vom Himmel fielen – die Tierwelt litt nicht weniger.

Auch Spanien war von der frühen Hitzewelle und den davon ausgelösten Waldbränden betroffen. Tausende Hektar Land wurden allein in der Sierra de la Culebra im Nordwesten des Landes von den Flammen vernichtet, unzählige Menschen verloren ihre Heimat. Ein ähnliches Bild in Katalonien. Die anhaltende extreme Hitzewelle in weiten Teilen des Landes mit Temperaturen von stellenweise über 50 Grad und auch die teilweise sehr heftigen Winde begünstigten die Waldbrände.

Auch in Deutschland würde die Hitze die Waldbrandgefahr steigen lassen. Seit Freitag galt bundesweit die höchste Waldbrandstufe, und in Thüringen und Sachsen-Anhalt wurde ein Wasserentnahmeverbot aus Seen oder Flüssen verhängt.

»Es geht los, Tom. Ich weiß nicht, was du dir von diesem Redaktionsbesuch noch erwartest, wir haben unseren Job gemacht! Ich werde am Abend zurückfliegen. Warum kommt ihr nicht mit? Wo ist Lisa? Ihr würde das kühlere Island sicher auch guttun.«

Die Kunst der Verdrängung hatte Tom immer bei anderen als Fluch und Gabe zugleich beobachtet, nur nicht bei sich selbst. Drei Stunden hatte er sich gestern in einem langen Telefongespräch mit knackender Verbindung die Vorwürfe von Lisa angehört. Besonders schwer wog für sie die Tatsache, dass er ihr durch sein Zögern und Zaudern Zeit gestohlen hatte, selbst einen neuen Partner zu finden. Diese Abrechnung war wohl längst überfällig gewesen, und erschöpft hatte Tom ihr alles zugestanden. Aber warum nur war er der Wahrheit so lange ausgewichen? Dass diese Ehe gescheitert war, hatte er tief innen doch längst gespürt. Trotzdem war es bequemer gewesen, sich in seine Arbeit zu vergraben und alles andere auszublenden. Wie es Lisa damit ging, hatte er sich nie gefragt. Jetzt aber hatte er ein richtig schlechtes Gewissen. Gunnar musste ihm angesehen haben, was los war.

»Nein, es ist nicht das, was ich denke? Du und Lisa, ihr …«, sagte Gunnar und legte seine Hand auf Toms Schulter. »Tut mir leid, verstehe, wenn du nicht drüber reden magst.«

»Ja, es ist noch zu früh!« Tom dachte jetzt an Lil und atmete tief ein, bevor er sich zusammenriss. »Okay, gehen wir, ich möchte den Termin bei den Pressefritzen noch erledigen und dann muss ich mich um die Sicherheit meiner Tochter kümmern.«

Schweigend fuhren sie mit einem Taxi knapp zehn Minuten, bis sie pünktlich vor der Glasfassade der bekannten Boulevardzeitung standen. Tom erstaunte die Menge an Demonstranten, die trotz der Hitze die ganze Straße verstopften. Sie skandierten: »*What do we want? Climate Justice! When do we want it? Now!*« Dabei hielten sie selbst gebastelte Schilder in die Luft: »*Blumenduft statt Dieselluft*«, konnte Tom lesen, »*Climate is changing, why aren't you*« oder »*Aluhüte sind schlecht fürs Klima*«. Für das Taxi war kein Durchkommen mehr, also bahnten sich Tom und Gunnar mühsam den Weg durch die Menge. Tom senkte den Kopf, er wollte nicht erkannt werden. Vor dem Haupteingang kamen sie nicht weiter. Eine Hundertschaft von Polizisten mit Schlagstöcken und

Pfefferspray hatte sich hier postiert, daneben waren zwei Wasser-werfer in Stellung gebracht. Oben sah man die Redakteure aus den Fenstern gaffen. Tom hielt sich die Ohren zu, als aus den Mikro-fonen die Durchsage dröhnte: »Diese Demonstration ist nicht ge-nehmigt. Die Versammlung ist umgehend aufzulösen. Verlassen Sie das Gelände unverzüglich.«

Die Menge grölte und buhte, und jemand stimmte an: »Von der blauen Erde kommen wir, unser Klima stirbt genauso schnell wie wir … und wir reiten den Planeten immer schneller in den Keller, von der blauen Erde kommen wir!« Niemand dachte nur daran, der Aufforderung nachzukommen. Berliner Polizisten waren viel gewohnt, aber die Hitze forderte auch bei ihnen ihren Tribut. Bei diesen Temperaturen war die gepanzerte Ausrüstung mit den schweren Helmen und Schilden eine riesige Belastung. Jetzt traten die Wasserwerfer in Aktion. Aber anstatt direkt auf die Demons-tranten zu zielen, schossen die Kanonen das Wasser weit in die Höhe, um Demonstranten wie auch Kollegen etwas abzukühlen. Tom empfand die ungeplante Dusche als wohltuend. Plötzlich hörte er eine vertraute Stimme, die durchs Mikro in die Menge grölte. Er blickte auf die improvisierte Tribüne und erkannte Janne neben einigen weiteren Aktivisten. Er spürte die Kraft und Lei-denschaft in ihrer Stimme.

Wir in den Industrienationen verursachen sehr viel mehr CO_2 durch unseren Lebensstil als die Menschen in den ärmeren Län-dern. Trotzdem sind es genau diese Länder, in denen der Klima-wandel zuerst zugeschlagen hat, wo Millionen Menschen sterben werden, wenn das Klima kippt. Aber auch bei uns wird es jetzt furchtbar werden. Das, was wir diesen Sommer erleben, ist erst der Anfang. Es ist zu spät, um ungestraft wegsehen zu können. Wir fordern von der Politik nicht mehr als die Berücksichtigung wissenschaftlicher Fakten und die Umsetzung des Phönix-Pro-gramms, und es ist Zeit, alle Medien zu attackieren, die sowohl *uns als auch seriöse Wissenschaftler durch ihre Propaganda bewusst zum Feindbild des rechten Mobs machen.*

Die Masse jubelte und skandierte: »Phönix now, Phönix now!«

Tom standen die Haare zu Berge, und alte Erinnerungen tauchten auf. Damals, als er in Hamburg seine erste Rede vor Tausenden Menschen gegen die Räumung eines besetzten Hauses hielt. Nun war es seine Nichte, die da mutig stand. Mit einem Unterschied. Sie kämpfte nicht um Wohnraum, sie kämpfte um ihre Existenz.

Tom zeigte den Polizisten seinen Ausweis, und nach kurzer Rücksprache konnten sie die Sperre passieren. Ein letztes Mal schaute er zur Bühne, nickte anerkennend und ging in das angenehm kühle Gebäude.

Gunnar grinste. »Nicht schlecht! Die hat Power, die Kleine, da kann dein Bruder ja nicht viel falsch gemacht haben.«

»Ich glaube, sie kommt eher nach der Mutter, aber ich werde es ihm ausrichten.«

An der Rezeption wurde Tom bereits erwartet. Gunnar hantierte an seinem Smartphone.

»Alles okay?«

»Ich will das filmen!«

Tom und Gunnar folgten einem jungen Mann zum Fahrstuhl. Oben landeten sie in einem Großraumbüro, das sich über die ganze Etage erstreckte. Bildschirme hingen von den Decken und übertrugen TV-Programme aus der ganzen Welt. Die Tische waren überfüllt mit Papieren. Die telefonierenden oder in Diskussionen verwickelten Redakteure bemerkten die Eintretenden kaum. Kritisch wurden sie erst beäugt, als sie einen Platz erreichten, bei dem der junge Mann stehen blieb.

»Herr Zack, Ihre Gäste sind da!«

Der dunkelhaarige Mittvierziger drehte sich lässig in seinem Ledersessel herum, schlug ein Bein über das andere, ließ die unangezündete Zigarette fallen und verschränkte die Arme hinter seinem Kopf. Kurzhaarfrisur, gestreiftes Hemd, Dreitagebart, graubraune Augen hinter einer markanten Brille und ein erhabenes Lächeln.

»Haben Sie diesen Kindergarten da draußen mitgebracht?«, fragte er und deutete auf die beiden leeren Sessel vor ihm.

»Ich weiß nicht, ob der wahre Kindergarten nicht der hier oben ist«, konterte Tom.

Unbeeindruckt lehnte sich Zack an seinen Tisch.

»Was kann ich für Sie tun?«

»Wie kommen Sie dazu, eine Kollegin, die fast von einem Klimaleugner umgebracht wurde, für ihre Kampagne zu benutzen?«

Zack lachte. »Herr Beyer. Wir machen keine Kampagnen, wir transportieren Emotionen. Wir zeigen, was wir finden und von dem wir glauben, dass es die Menschen interessiert. Es ist doch offensichtlich, dass Sie mit dieser Person lange Jahre zusammengearbeitet haben. Natürlich tut mir leid, was ihr passiert ist. Aber zu meinem Job gehört es nun mal zum Beispiel, Ihre eigenen Motive für die Forderung nach einem so weitreichenden Programm zu hinterfragen. Für mich liegt das klar auf der Hand.«

Tom sah, wie Gunnar sein Smartphone unauffällig in Richtung des Chefredakteurs hielt.

»Tja, schade nur, dass ich meine ehemalige Mitarbeiterin seit über einem Jahr nicht mehr gesehen habe, und schade, dass einer Ihrer Redakteure sich als Einziger, sagen wir mal, auffällig unsachlich und inkompetent auf der Pressekonferenz verhalten hat. So viel zu Ihren Motiven. Insofern reden wir jetzt über einen Deal. Sie verzichten ab sofort auf diese Hetze, und ich sehe von einer Klage ab.«

Tom sah in das selbstzufriedene Gesicht des Boulevardprofis, der lächelte und dann zum Hörer griff.

»Ist der Wohlfeil im Haus?«, fragte er. »Ah, okay, schade!« Und zu Tom gewandt: »Hören Sie, der besagte Redakteur hat Klimatologie studiert und ist seit Jahren unser Mann dafür im Haus.«

Tom lachte kurz auf. »Soso, hat er das? Das macht ihn noch lange nicht zu einem aktiven Wissenschaftler. Sie können davon ausgehen, dass sich der Wert jeder universitären Abschlussarbeit wie bei einem Autokauf in kürzester Zeit drastisch reduziert. Die Halbwertszeit in Klimatologie ist ziemlich gering«, sagte Tom, stand auf und ging zum Fenster. »Hören Sie, bei diesem alles entscheidenden Thema funktioniert das Konzept der Besserwisserei nicht mehr. Sie täten der Gesellschaft und auch uns einen großen Gefallen, wenn Sie endlich zugeben, dass Sie und Ihre Herren Redakteure zu wenig wissen, um eine Einschätzung über den Sinn des Phönix-Programms abzugeben. In jeder Krise mutieren biedere Journalisten in null Komma nichts zu Viren-, Kriegs- oder Klimaexperten. Aber ein respektvoller Umgang mit denen, die ihr ganzes Leben zu diesen Themen geforscht haben, das geht nicht? Mit der aktuellen Kampagne gefährden Sie nicht nur mein Leben, sondern die Zukunft aller, denn wir müssen jetzt handeln.«

Zack griff sich eine Zigarette und fuchtelte damit vor seinem Mund herum.

»Wissen Sie was? Ich glaube daran, dass es mein Job ist, respektlos gegenüber den Großen zu sein und auszusprechen, was unzählige Menschen als Missstände erkennen. Was Sie wollen, zusammen mit Ihrer sogenannten Kollegin, ist nichts anderes als eine Planwirtschaft.«

Tom war nahe daran, die Fassung zu verlieren. Seine Rechte ballte sich zur Faust, und er spürte, wie er seine Zähne zusammenpresste, bis der Kiefer schmerzte.

»Wenn Sie einen Austausch mit uns Experten ermöglichen würden, wäre alles anders. Sie aber glauben selbst am besten zu wissen, wie wir das ganz große Problem unserer Zeit in den Griff bekommen. Ihre Story ist seit Jahrzehnten die gleiche. Da wird versucht, die Angst und die Wut, die Leute vollkommen zu Recht haben, wenn ihre Jobs bedroht sind und die Inflation Höchststände erreicht, auf den Klimaschutz abzuwälzen. So geht es nicht weiter. Was Sie und Ihresgleichen betreiben, ist nichts weiter als Hetzpropaganda, die gegen alle journalistischen Standards verstößt.«

Zack stand auf, stellte sich neben Tom ans Fenster und schaute hinunter auf die sich inzwischen auflösenden Demonstranten.

»Sie unterstellen mir, dass ich die Menschen gegen Sie aufbringe? Und was machen Sie? Gefährden die Gesundheit von Jugendlichen und der Polizei.« Zack setzte ein widerwärtiges Lächeln auf.

»Diese Jugendlichen sind überwiegend erwachsen und gut ausgebildet«, warf Gunnar, der die ganze Zeit über ungewöhnlich zurückhaltend war, von der Seite ein. Er stand auf, trat zu Zack und hielt ihm das Smartphone vor das Gesicht.

»Ich möchte diesen Moment einfach festhalten«, sagte er, und Zack wich zurück.

»Sind Sie bescheuert? Sie können hier nicht einfach herumfilmen. Wenn das im Netz landet, bekommen Sie ein dickes Problem.«

Gunnar lachte und filmte weiter. »Sagt der Mann, der jeden Tag Menschen diffamiert. Echt mein Humor!«

Zack rief quer durch den Raum nach der Security. Tom konnte sich ein Lachen nicht verkneifen. Es hatte keinen Sinn, hier weiter zu verweilen. Derweil ging Zack zu seinem Tisch, wühlte in seinen Unterlagen, zog ein Foto heraus und kam damit auf Tom zu.

»Was glauben Sie, wem man mehr vertraut? Uns? Oder einem Mann, der seine Ehefrau betrügt?«

In Toms Hirn überschlug sich etwas. Während seine Synapsen feuerten und herauszufinden versuchten, wie, wo und wann dieses Foto entstanden war, wie es in die Hände der Redaktion gelangen konnte und was er jetzt tun sollte, hatte sich seine Faust mit einem wohlgezielten Haken selbstständig gemacht. Zack lag wimmernd am Boden. Gunnar filmte alles fleißig weiter.

Mitarbeiter sprangen von ihren Schreibtischen auf und stürmten auf Tom zu. Gunnar steckte sein Smartphone in die Hosentasche und stellte sich schützend vor seinen Freund. Der Anblick des durchtrainierten Einhundertkilomanns ließ die Redakteure innehalten.

»Ist doch nichts passiert, der Mann ist nur ausgerutscht!«

Tom sah drei Männer eines Security-Dienstes mit Schlagstöcken ausgerüstet in den Raum stürmen. Bevor diese jedoch zur Tat schreiten konnten, war Zack schon wieder auf den Beinen, stoppte sie mit einer Handbewegung und rieb sich das Kinn.

»Das werden Sie noch bereuen. Und jetzt raus hier!«

Die Gorillas geleiteten Tom und Gunnar zum Fahrstuhl. In den spiegelnden Glasscheiben sah Tom, wie Zack sich an seinem Schreibtisch abstützte und versuchte, seine lädierte Brille wieder aufzusetzen.

»Bin gespannt, ob der dich anzeigt. Gott, Tom, so kenne ich dich überhaupt nicht!« Gunnar schaute ihn mit einem breiten Grinsen an.

»Ich mich auch nicht!«

Unten angekommen, sahen sie, dass die Polizei die Demonstration aufgelöst hatte. Nur ein letzter Wasserwerfer versprühte kleine Fontänen über den Platz, um die verbliebenen Kollegen abzukühlen. Die Hitze traf sie wie eine Wand. Tom merkte, wie sein Hemd in Sekunden von Schweiß durchnässt wurde. Er sah sich um, von Janne oder Mareike keine Spur. Die Temperaturanzeige an der Fassade zeigte 46 Grad – der traurige nächste Rekord war gebrochen. Gunnar stupste Tom an, und sie ließen die Szene auf dem Smartphone noch mal an sich vorbeilaufen. Vor Lachen bekamen sie kaum Luft.

»Gibt es zwischen Island und Deutschland ein Auslieferungsabkommen?«

»Was hast du vor?«

»Hab es gerade geteilt.«

»Bist du verrückt?«

»Selbst deine Gegner werden dich dafür lieben, wer bekommt schon so eine Gelegenheit.«

Tom selbst war irritiert. Der zweite Kontrollverlust innerhalb weniger Tage. Erst sein Bruder, dann das hier. Ganz schön viel Adrenalin für einen weit über Fünfzigjährigen. Aber vielleicht hatte Gunnar recht. Ein bekannter Hund war er ohnehin, spätestens nach der Pressekonferenz. Und die Zahl derer, die ihm und allen anderen Wissenschaftlern nur noch Hass entgegenbrachten, stieg stündlich. Vielleicht würde sein Ausbruch den einen oder anderen tatsächlich beeindrucken. Aber als Direktor des Instituts waren seine Tage damit vermutlich gezählt.

Gunnar streckte seine Hand aus.

»Ich muss los. Es war mir eine Ehre, mein Lieber. Und du willst wirklich noch hierbleiben?«

»Nur kurz, und dann geht es nach Kanada.«

»Mit Lisa?«

»Nein Gunnar, es ist Lil.«

Gunnar stand mit offenem Mund vor ihm.

»Puuh okay, verstehe. Gut sogar.«

»Gut?«

»Na ja, sie ist echt ein ziemlicher Freigeist.«

Tom hatte keine Ahnung, wann er diesen Bären von Mann wiedersehen würde. Sein trockener Humor würde ihm fehlen.

»Ich bin dann mal weg, mein Flieger geht bald. Sehen wir uns, wenn wir die nächste Ausbaustufe fertig haben?«

Tom trat an seinen Freund, umarmte ihn und klopfte ihm beherzt auf den Rücken.

»Mach es gut!«

»Bis dann, und pass auf dich und deine Tochter auf.«

Tom sah Gunnar hinterher. Dies war nicht der richtige Zeitpunkt gewesen, ihm seinen Entschluss mitzuteilen. Aber gab es den überhaupt?

Kapitel 35

LENTZKE – 49 GRAD

Tobias sah kreidebleich aus. Der Schweiß lief ihm das Gesicht herunter.

»Auf der Rückbank ist eine Kühlbox, du solltest unbedingt was trinken.«

»Was hast du eigentlich gestern gedacht, als Mareike …?«

»Vergiss es«, würgte Tobias ab. »Die mag ja hübsch sein, aber auf Oberflächlichkeit kann ich gut verzichten.«

»Ich habe mich echt in ihr getäuscht«, warf Janne leise ein.

»Ach du Scheiße, wie geil ist das denn?« Tobias lachte laut los.

»Was ist?«

»Du solltest besser kurz anhalten.«

Janne stoppte den Jeep kurz vor der Ortseinfahrt und sah auf dem kleinen Display, wie Tom den bundesweit bekannten Chefredakteur Zack niederschlug.

»Alter, das geht viral, nicht schlecht!«

Janne konnte nicht fassen, was sie da sah. Sie spürte eine Mischung aus Stolz, Bewunderung, aber auch Angst. Das passte so gar nicht zu dem Mann, den sie über Jahre vergöttert hatte. Aber warum sollten nicht auch einem Wissenschaftler mal die Nerven durchgehen? Und so viel ignorante Dummheit, wie sie dieser Boulevard-Schnösel vor sich hertrug, schrie ja fast danach, einfach einmal weggeprügelt zu werden.

»Irgendwas stimmt mit Tom nicht. Er hat auch meinen Vater geschlagen.«

Tobias zog die Augenbrauen hoch.

»Ups – das wusste ich nicht. Ich kann mir aber schon vorstellen, dass er die Schnauze gestrichen voll davon hat, dass er ständig angegriffen wird. Langsam bekomme auch ich wirklich Angst, dass alles, was dein Onkel versucht, zu spät kommt.«

»Genau das dachte ich auch gerade.«

Langsam fuhr sie weiter. Sie kannte Tobias erst ein paar Monate. Es war das erste Mal, dass er von seinen Ängsten sprach. Überhaupt hatten sie viel zu wenig über ihre Gefühle gesprochen. Die Vorstellung, mit ihm und ein paar weiteren eine Community zu gründen, Robert in Rente zu schicken und den Hof wirklich zukunftsfähig zu machen, wurde mit einem Mal immer konkreter. Plötzlich knallte es unter dem Wagen. Der Pick-up hüpfte nach oben, wankte seitlich, schlug wieder auf. Janne schrie.

»Fuck, was war das denn?«

Janne stieg aus. Das linke Vorderrad stand schief. Sie blickte zurück auf die Straße. Der Asphalt war ausgerechnet auf ihrer Spur aufgeplatzt, der Teer teils geschmolzen.

»Verdammt«, brüllte Janne. Tobias begutachtete den Wagen in aller Ruhe.

»Tut mir leid, aber da dürfte die Aufhängung gebrochen sein. Puuh, echt krass. Ich stell das Pannendreieck auf, und dann nichts wie weg hier. Wir müssen aus der Sonne.«

Janne bewunderte, wie Tobias plötzlich Ruhe und Entschlossenheit ausstrahlte. Tobias schien der Typ zu sein, der sich von Gefühlen nicht überrennen ließ und im Krisenfall in einen Modus überging, der ihr Sicherheit und Ruhe gab. In Tobias' Nähe wurde ihr klar, dass sie sonst niemanden hatte, bei dem sie ihre Ängste loswerden konnte. Erst recht nicht bei einem Vater, der nur mit sich selbst haderte, alles Vernünftige aus seinem Leben verbannt hatte und sich als Verlierer fühlte. Dabei ging die Sorge um ihrer aller Zukunft Janne selbst mehr und mehr an die Substanz. Mit jedem weiteren Grad, an dem die Temperatur unerträglich stieg, verhallten auch Toms optimistische Appelle. Noch vor ein paar Jahren hörte man von den Millionen Menschen, die schon auf der Flucht vor dem Klimawandel waren, immer in Richtung des kühleren Nordens. Und nun waren sie selbst plötzlich mittendrin. Wie lange würde dieser verdammte Sommer dauern? Und Mareike, dass sie einfach so abzischt und im Grunde genommen auf alles scheißt. Schon war die Familie wieder auseinandergerückt. Aber es gab viel mehr in ihrer Generation, die keinen Deut besser waren, die sich nur um Karriere oder Vergnügungen kümmerten. Aber wer weiß. Janne hoffte, Mareike würde eines Tages wieder zur Besinnung kommen.

Sie nahm Tobias' Hand, und sie gingen zu Fuß weiter, immer bemüht, im schmalen Schatten der Alleebäume zu bleiben. Niemand begegnete ihnen, kein Auto passierte die Straße, selbst die Vögel waren verstummt – und keine einzige Wolke weit und breit. Angekommen am Hof, saß Robert auf der überdachten Veranda mit einem Bier in der Hand.

»Warum hebst du nicht ab?«

»Was?« Janne zog ihr Handy aus der Tasche. »Ah, sorry, war auf lautlos gestellt.«

Robert runzelte die Stirn. »Tom sucht Mareike? Wo ist sie?«

»Vermutlich auf dem Weg zum Flughafen.«

»Na, das kannst du ihm dann ja gleich selber sagen«, brummte Robert und deutete auf den schwarzen Mercedes, der von hinten anrauschte.

Tom stieg aus.

»Janne, weißt du, wann Mareikes Flieger geht? Sie hat mir nur eine Nachricht geschickt und hebt nicht ab.«

»Sie packt vermutlich noch ihre Sachen. Was ist denn so schlimm daran, dass sie zu ihrer Mutter fliegt? Ich meine, nach allem, was passiert ist?«

Tom strich sich nervös die Haare aus der Stirn. Er wirkte hilflos, fand Janne.

»Weil es dort noch heißer wird als hier, verdammt.«

Aus der Entfernung waren Martinshörner zu hören. Einen Moment später raste ein ganzer Löschzug durch das Dorf. Nicht weit von Lentzke hatte sich eine gigantische Rauchsäule gebildet. Tom holte eine schwarze Reisetasche aus seinem Wagen.

»Wie gut ist eure Netzverbindung und was ist mit deinem Auto passiert?«

Janne zuckte nur mit den Schultern. »Die Straße ist aufgeplatzt.«

Robert stand auf und blickte die Straße hinunter.

»Yes, man«, entglitt es Janne.

»Das darf doch nicht wahr sein!«

Tom war unterdessen ins Haus geeilt. Janne konnte ihre Neugier nicht zurückhalten und folgte ihm. So hektisch hatte sie Tom noch nie erlebt. Er saß bereits am Küchentisch, fuhr den Laptop hoch.

»Was ist denn los?«

Tom winkte ab. »Warte einen Moment!« Hastig flogen seine Finger über die Tastatur, und als Janne versuchte, einen Blick auf den Bildschirm zu erhaschen, drehte Tom ihn weiter zu sich. Sein Smartphone klingelte.

»Ah, Frau Fölz, wie geht es Herrn Brandt?«

Eine gefühlte Minute hörte Tom zu und gab wenig mehr als »Ja« und »Okay« von sich. Dann konnte er sich nicht mehr zurückhalten: »Wie kommen Demonstranten bis vor unsere Tür, verdammt noch mal?« Sein rechtes Bein wippte auf und ab. »Okay, hören Sie zu. Das Institut bleibt bis auf Weiteres geschlossen, und alle bringen sich in Sicherheit, haben Sie verstanden? Was? Ja, sicher können Sie im Homeoffice arbeiten.«

Tom legte auf, schaute Janne an, als wäre es ihm unangenehm, dass sie mithörte, ja überhaupt, dass sie nur im Raum war. Schließlich kam auch Robert in die Küche, ignorierte die beiden und holte sich eine Flasche Weißwein aus dem Kühlschrank.

Tom starrte nur auf seinen Bildschirm. »Nicht der richtige Moment zu trinken, Robert.«

»Halt die Klappe, Apokalyptiker!«

Tom ignorierte seinen Bruder und nahm sein Handy auf. »Ja, ja, alles gut, schicken Sie mir einfach die Daten.«

Janne wurde angst und bange. Tobias kam dazu, setzte sich neben sie und streichelte ihr sanft über den Rücken.

»Oh nein!«, entfuhr es Tom.

Janne stampfte mit dem Fuß auf den Boden. »Was denn, nun sag schon, was ist los?«

»Reiner Wein?«

Janne und Tobias nickten. Robert lachte laut auf und verließ wankend den Raum.

Tom atmete einmal tief durch. »Okay, es gibt seit heute Morgen etwa sechzig Großbrände verteilt über die ganze Republik. Überall droht der Notstand, und die Feuerwehren und Behörden kommen langsam an ihre Grenzen. Die Krankenhäuser sind über dem Limit, um Hitzeopfer zu versorgen, und im Triage-Modus. Wie in der Pandemie und weitaus schlimmer. Aber das eigentliche Problem kommt erst noch.«

Während Tobias so gefasst zuhörte, als lausche er einer Uni-Vorlesung, wurde Janne immer unruhiger. Sie mochte sich kaum ausmalen, was jetzt noch kommen sollte.

Tom erklärte ruhig, dass Deutschland und Europa in dieser Phase unter einer Hitzeglocke lagen, die sich für eine ganze Weile nicht bewegen würde. Das, was bereits als Frühjahrsdürre begonnen hatte, dauerte jetzt deutlich zu lang. Aus der ganzen Welt wurden außergewöhnliche Temperaturen gemeldet. Im Nahen Osten kletterte das Thermometer sogar auf lebensfeindliche 54 Grad. Tom nannte den Grund dafür. Die Jetstreams, starke Höhenwinde, die in bis zu zwölf Kilometern Höhe um den Globus ziehen, veränderten sich mit jedem Jahr seit Beginn des Klimawandels. Sie entstehen durch den starken Temperaturgegensatz zwischen den Tropen und den Polargebieten. Durch die Erdrotation werden die Winde, die durch das Druckgefälle in Richtung beider Pole angetrieben werden, nach Osten abgelenkt und bilden starke Luftströmungen, die in Wellenbewegungen um den Planeten kreisen und in den Wellenbergen und -trögen dabei immer wieder starke ortsfeste Hoch- und Tiefdruckgebiete bilden.

»Die Kurzform: Das Wetter kann sich derzeit nicht verändern. Wir haben eine blockierende Wetterlage, in der das Hochdruckgebiet auf unbestimmte Zeit festsitzt.«

»Das heißt, wir knacken die 50-Grad-Marke, und das über Wochen?«, fragte Janne ungläubig.

Tom schüttelte den Kopf und erklärte, dass die Wahrscheinlichkeit sehr hoch sei, dass es dazwischen zu extremen Unwettern kommen könne. »Trotzdem, diese Hitzeperiode ist schlicht und einfach viel zu früh«, schloss er.

Tobias schnippte mit der Hand. »Und jetzt?«

»Meidet jede Metropole. Also noch mal die Bitte: Nicht mehr nach Berlin rein – haben wir uns verstanden? Dein Vater hat vorbildlich vorgesorgt, und hier im Haus ist es kühl. Oder ihr haut ab an die Nordsee. So, und jetzt muss ich mich um Mareike kümmern.« Tom ging hinaus und verschwand durch den Flur in den Innenhof.

»Was denkst du?« Janne schaute Tobias an, doch der zuckte nur mit den Schultern.

»Es ist ja noch nicht sicher, dass es so schlimm wird. Aber wenn sich dieses Jahr in das Gedächtnis der Menschen einbrennt, und zwar hier im reichen Westen, wer weiß, was das für Kräfte mobilisieren könnte. Traurig, dass es erst so weit kommen musste.«

Janne stand auf, ging in ihr Zimmer, kehrte mit ihrem Laptop zurück und fuhr ihn hoch.

»Was hast du vor?«

»Ich will mehr über die Brände wissen und über das, was Tom eben noch so erzählt hat. Na, ahnte ich es doch! Ostdeutschland ist ein besonderer Hotspot. Wir sollten hier abhauen.«

Tobias nahm Jannes Hand und hinderte sie daran, den Browser zu öffnen. »Wenn du dich in deiner Wut verlierst, bringt das niemanden weiter. Wie wäre es mit einer Pause?«

Janne schaute sich weiter die Nachrichtenlage an. »Hier, die Brände in Thüringen und jetzt auch die in Bandenburg, nicht weit von uns, sind außer Kontrolle!« Sie öffnete im Sekundentakt neue Nachrichten und zitierte die Warnungen des Katastrophenschutzes. Zu wenig Personal … Die Bundesregierung war dabei, ins Ausland entsandte Soldaten und Feuerwehrleute zurückzubeordern … Frankreich und Italien schickten trotz der eigenen Misere einige Löschhubschrauber in den Bayerischen Wald, wo bereits einige Ortschaften evakuiert wurden … Das Gesundheitsministerium meldete, dass die Notaufnahmen überlastet seien, und kündigte für den Fall einer weiter anhaltenden Hitzewelle Ausgangssperren und eine Notversorgung für ältere und kranke Menschen an … In den meisten östlichen Bundesländern würde während der Nacht die Trinkwasserversorgung eingestellt. Die seit Wochen eingeschränkte Nutzung von Wasser hatte nichts gebracht. Nahezu jeder Fluss hatte seinen historischen Tiefststand, und in einigen Teilen der Republik sei sogar der Zugriff auf Löschwasser gefährdet … Thüringen, Sachsen, Berlin, Hamburg, Niedersachsen, Bayern und Baden-Württemberg hatten in der Nacht den Katastrophenfall ausgerufen, und im Krisenstab des Bundeskanzleramtes wurde der Einsatz der Bundeswehr für die Versorgung der Bevölkerung, die Hilfe bei der Feuerbekämpfung sowie die Wiederherstellung kritischer Infrastruktur abgestimmt … Aus Sachsen wurden Plünderungen gemeldet und für das gesamte Bundesgebiet wurde ein Demonstrationsverbot verhängt.

Janne klappte ihren Laptop zu. »Was machen wir jetzt?«

»Ein Abend für uns alleine wäre gut.«

Kapitel 36

LENTZKE – 50 GRAD

Robert blickte in seinem Zimmer verloren aus dem Fenster auf die schwach beleuchtete Straße. Der Ventilator surrte im Hintergrund. Er öffnete den Laptop. Die ersten Schlagzeilen reichten schon. Er senkte den Kopf. Einen Moment überlegte er, ob es nicht besser wäre, zurück an die Küste zu fahren. Sein Mitarbeiter Petersen meinte, dort wäre es noch etwas besser auszuhalten, aber das Trinkwasser wurde so knapp, dass die Feuerwehr nur noch Rationen an die Haushalte lieferte, und er hatte dort nicht die Vorräte, die er hier mühsam für Janne angelegt hatte. Er überflog die Daten der Wetterstation, dann klickte er die Seite weg. Hatte Tom Wort gehalten? Langsam tippte er das Passwort ein und öffnete die Umsatzanzeige seines Bankkontos. Seine Hände kribbelten, dann blieb ihm der Mund offen stehen. Solch eine Summe hatte er noch nie auf einen Schlag auf seinem Konto gesehen. Beim Verwendungszweck stand nur: »Für Jannes Zukunft«.

Er atmete tief, griff das Glas Wein, hob es an, sah eine Fliege darin schwimmen und setzte es wieder ab.

Er stand nicht gut da. Sein kleiner Bruder schien alles Erdenkliche zu tun, um Mareike und Janne eine Zukunft zu ermöglichen – und er selbst? Kurz bekam Robert es mit der Angst zu tun. Konnte es sein, dass Tom etwas verschwieg? Plante er etwa, mit seinem Leben abzuschließen?

Er öffnete den Browser und gab »Tom Beyer« in das Suchfenster ein. Seitenweise Nachrichten über das Phönix-Programm, aber auch Berichte über den Hass, der Tom und den anderen Wissenschaftlern im Netz entgegenschlug. Und dann dieses Video. So so, sein Bruder war ein Schläger geworden, nicht zu fassen. Ausgerechnet Tom, der alte Sesselfurzer, hatte diesen Chefredakteur niedergeschlagen. Das hatte Robert ihm nicht zugetraut. Obwohl, auch der Schlag neulich in sein Gesicht war ja nicht ohne gewesen. Aber Toms Ehe war im Arsch, seine Tochter vor ihm geflohen, und seinen Job war er wahrscheinlich auch bald los. Das war's dann mit der Bilderbuchkarriere. Was zum Teufel trieb ihn so an? Robert öffnete Toms Wikipedia-Eintrag.

Tom studierte physikalische Ozeanografie, promovierte an der Victoria University of Wellington in Ozeanografie. Nach einer weiteren Station an der University of New Hampshire war er am Geomar Institut in Kiel tätig und erforschte die Wechselwirkungen zwischen Ozeanen und der globalen Erwärmung. Seine Habilitation erfolgte an der Universität Potsdam, wo er die Professur für das Fach Physik der Atmosphäre übernahm. Er war Autor und Co-Autor von über 100 wissenschaftlichen Publikationen in internationalen Fachzeitschriften und Autor des Weltklimarates sowie einer Sonderforschungsgruppe im Bereich Climate Engineering, bevor er das Direktorium des Potsdam Institut für Klimafolgenforschung übernahm. Und er war einer der meistzitierten Klimaforscher der Welt.

Robert atmete langsam aus und senkte den Kopf. Sein Herz schlug bis in die Kehle. Das Klopfen an der Tür war kaum zu hören.

»Nur herein!« Hastig klappte er seinen Laptop zu.

Tom suchte sich wortlos einen Stuhl und setzte sich. Er sah kreidebleich aus.

»Und, war es das alles wert?«

Tom schaute auf. »Was meinst du damit?«

»Dein Job, deine Ehe, deine Tochter … Was willst du noch verlieren?«

»Um Gottes willen, Robert«, erwiderte Tom, stand wieder auf, ging zum Fenster und verschränkte die Arme. »Der Versuch, unseren Töchtern eine Zukunft zu sichern? Sicher ist es das wert! Aber ja, ich bin völlig überarbeitet.«

»Ihr wollt wirklich mit diesen Experimenten anfangen? Ich kann die Leute schon verstehen, die dich verteufeln.«

Tom drehte sich um und grinste. »Es ist mit dir wie mit vielen da draußen. Ihr hört einfach nicht zu. Also noch mal die Kurzfassung für meinen heimlichen Mitarbeiter vom Deutschen Wetterdienst: Die Methode, die wir favorisieren, ist mit einem Vulkanausbruch vergleichbar, der Staub in die Atmosphäre schleudert und so die Temperatur senkt. Aber damit können wir nur für etwas Linderung sorgen. Das Problem lösen wir so nicht. Als Nächstes kommt das Einfangen und Verpressen des CO_2 infrage. Auch nur ein Schmerzmittel, es heilt aber nicht.«

Robert sah Toms traurige Augen. So viel unterschied sie gar nicht voneinander. Beide hatten sie ein Leben lang nur geschuftet. Während er selbst von einer Dürre nach der anderen geplagt wurde, hastete sein Bruder von einer Konferenz zu anderen. Und am Ende standen sie beide hier, und draußen brach die Hölle los.

»Wie schlimm wird es?«

Tom hatte sein Smartphone in der Hand.

»Warte einen Moment. Okay, Mareike ist gelandet, aber sie nimmt immer noch nicht ab.«

»Wundert dich das?«

»Hör zu, Robert. Ich muss mich jetzt auf dich verlassen können. Ich muss noch mal nach Potsdam und …«

»Ich habe dich gefragt, wie schlimm es wird!«

Robert sah, wie sich Toms Augen schlossen und er die Rechte zur Faust ballte.

»Warum jetzt? Warum fragt ihr erst jetzt? Du, der Krisenstab in der Bundesregierung, deine Tochter, die Medien, die mich zuvor in Grund und Boden geschrieben haben? Gut, nicht alle, aber genug. Seit heute Morgen steht mein Telefon nicht mehr still. Verdammt noch mal, ich weiß es nicht! Wenn es richtig schlecht läuft, haben wir die kommenden zwei Monate über 50 Grad, noch mehr Brände, Hitzetote und was weiß ich noch … Habt ihr alle Lack gesoffen? Ich krieg echt zu viel.«

Bevor Robert antworten konnte, beschwor ihn Tom, dass er sich nun auf ihn verlassen musste. Einer musste für Janne und ihren Freund die Stellung halten. Sein Telefon klingelte.

»Lil?«

Der Knall war so laut, dass Robert vor Schreck sein Glas fallen ließ. Das Licht war aus, der Ventilator kam zum Stehen, nur der Bildschirm hüllte das Zimmer in diffuses Licht.

»Lil? Hallo?«

Robert öffnete eine Schublade und holte seine Taschenlampe heraus.

»Ist nur die Sicherung, warte einen Moment!«

»Nein, nein verdammt, das ist mehr. Nimm mal dein Handy!«

Robert ging zurück zum Schreibtisch, strich über den Touchscreen. »Scheiße, kein Netz!« Er schaute aus dem Fenster. Auch die Straßenbeleuchtung war erloschen. »Wo sind Janne und Tobias?«

»Im Wohnmobil«, warf Tom ein. »Und da würde ich sie jetzt auch nicht stören.«

Robert ahnte, was sein Bruder ihm sagen wollte, bevor der es in seiner charmanten Art bekräftigte.

»Was würdest du in dem Alter machen, wenn du keine Ahnung hättest, was morgen kommt? Also lass sie in Ruhe.«

»Da magst du recht haben. Aber für unsere Sicherheit sorge ich!«

Kapitel 37

LENTZKE – 34 GRAD

Der Ventilator lief nur zwei Stunden. Robert rationierte den Diesel für das Notstromaggregat, und Tom wusste nicht, ob er über den unruhigen Dämmerzustand hinaus auch nur eine Minute richtig geschlafen hatte. Das Laken war klatschnass. Tom hob sein Handy hoch. Immer noch kein Netz.

»Jetzt wird es echt gefährlich.«

Plötzlich hörte Tom Hammerschläge. Er hievte sich aus dem Bett, ging in den Flur und sah, wie Robert begann, die vorderen Fenster zu verrammeln. Tageslicht drang nur noch durch die Tür zum Innenhof ein. Tom ging hinaus und setzte sich im Pyjama in den Schatten. Wenn der Strom länger als ein paar Stunden ausfiel, war das kein gutes Zeichen.

»Magst du einen Kaffee?«

»Janne, erschreck mich nicht so!«

Nur mit Shorts und dünnem Hemd bekleidet, setzte sie sich zu ihm und reichte ihm den Becher.

»Schwarz?«

»Die Milch war sauer«, erwiderte Janne.

»Wieso habt ihr uns nicht geweckt?«

Die Tür zum Wohnmobil öffnete sich. Tobias stieg hinab, streckte sich und kam auf sie zu.

»Ich wollte euch den Abend lassen.«

»Du bist echt süß!«

»Süß?«

Von hinten sprang die Tür auf. Robert kam in seinem hektischen Notfallmodus raus und schaute auf die Runde herab. Gleich würde er zum hundertsten Mal erzählen, was für ein toller Hecht er beim Militär war, bei welcher Übung er sogar die Jungs von den US-Navy Seals übertrumpft hatte und was er in all den Jahren bei der Feuerwehr gelernt hatte, um mit so einer Situation umgehen zu können.

»Ihr könntet mir schon mal helfen, das Haus sicher zu machen«, forderte er und wandte sich an Tom: »Na, großer Experte, was machen wir nun?«

Tom zuckte mit den Schultern. »Hast du das Kurbelradio?«

Robert nickte, zeigte auf einen kleinen Weltempfänger neben seinem Frühstück – einer lauwarmen Flasche Cabernet Sauvignon. »Für den Moment haben wir noch das da.«

Bevor Tom es einschaltete, knurrte Robert: »Es ist wohl europaweit.«

»Wow«, kommentierte Tobias, der sich zu Janne gesellte.

Tom dachte nach. Der digitale Behördenfunk würde nicht lange aufrechterhalten werden können. Er suchte einen Sender. Lange Zeit kam nichts. Doch dann erklang eine klare Stimme.

Hier ist der Mitteldeutsche Rundfunk. Seit gestern um 22 Uhr 35 ist das Stromnetz in Deutschland und den meisten Staaten Europas infolge der Hitzewelle zusammengebrochen. Es ist derzeit nicht abzuschätzen, wann die Stromversorgung wiederhergestellt werden kann. Die Bürger werden aufgefordert, nur im Notfall ihre Häuser zu verlassen, den Anweisungen der regionalen Einsatzkräfte Folge zu leisten und das Radio regelmäßig zur vollen Stunde einzuschalten. Vermeiden Sie Fahrten mit dem Wagen. Die meisten Straßen sind auf Anweisung der Behörden gesperrt und den Einsatzkräften vorbehalten. Für die gesamte Bundes-

republik wurde der Notstand verhängt. Um 13 Uhr senden wir einen aktuellen Lagebericht.

Die Ansage wurde wiederholt, und für einen Moment starrten alle die einzig verbliebene Verbindung zur Welt an.

»Okay, ich muss nach Potsdam …«

»Du hast doch gerade gehört, was sie gesagt haben. Du kannst hier nicht einfach rausrennen. Du wirst kaum in Potsdam ankommen, da man dir vorher irgendwo eine Knarre an den Kopf halten und dir dein Auto und alles andere einfach abnehmen wird«, brummte Robert. »Leute, ich fahre kurz nach Fehrbellin. Vielleicht hat ja noch was offen, und dann sehen wir weiter.«

»Haha, sehr gescheit«, lachte Janne. »Geht dir der Alkohol aus?«

Robert sah Tom mit einem merkwürdig euphorischen Blick an.

»Ihr hört jetzt auf mich. Ich war nicht umsonst dreißig Jahre bei der freiwilligen Feuerwehr!«

Robert ging zu seinem Jeep und fuhr mit quietschenden Reifen vom Hof.

»Der wird gleich ziemlich frustriert wiederkommen«, ätzte Tom. »Aber immerhin haben wir Vorräte, und vielleicht schenken wir diesem Sack etwas mehr Gehör, damit er sich besser fühlt.«

Janne lachte laut auf. »Psychopflege für meinen Vater, dass ich nicht lache.«

Tobias schaute sich die Familienkommunikation von außen an.

»Na super. Wie geht das jetzt weiter?«

»Es wird hart, aber auch dieser Sommer wird vorbeigehen«, beschwor Tom und holte aus, dass Robert vermutlich recht hatte. Auf den Straßen herrschte jetzt Chaos. Ampeln fielen aus, es würde zu Unfällen kommen. Der Zugverkehr und alle für die Versorgung wichtigen Transportkapazitäten lägen brach, da die elektrischen Pumpen für die Zapfsäulen nicht mehr funktionierten. Die Wasserinfrastruktursysteme könnten mit vorhandenen Notstromaggregaten vielleicht ein, zwei Tage aufrechterhalten werden. Zuletzt gäbe es noch Notbrunnen. Dann würde sich die Lage zuspitzen. Die hygienischen Bedingungen verschlechterten sich, und damit wuchs die Gefahr der Ausbreitung von Krankheiten. Keine Beleuchtung, keine Kühlung. Supermärkte blieben geschlossen. Dann würden die Krankenhäuser an ihre Grenze geraten. Ein weiteres Problem wäre das Personal. Wenn Polizei und Feuerwehr sich erst mal um sich selbst kümmern müssten oder ihren Arbeitsplatz nicht erreichen könnten, würde es eng. Eines wäre sicher: je länger das andauerte, desto mehr Menschen würden sterben.

»Es werden dann viel mehr sein, als ich mir vorstellen mag. Aber ich bin mir sicher, dass die Lage die Leute auch zusammenschweißt.«

Es vergingen Minuten des Schweigens, bis Roberts Wagen die Stille durchbrach. Mit einem halben Dutzend Plastiktüten kam er mit knallrotem Kopf auf sie zu. Tom sah, dass jede Menge Flaschen darin waren, dazu Esswaren.

»Die Tankstelle hatte noch auf, aber echten Sprit gibt es keinen mehr. Aber im Vergleich zu den meisten hier sind wir ganz gut vorbereitet«, triumphierte Robert.

Tom sah, dass Robert jetzt schon, bei nicht einmal 40 Grad, richtig schlecht aussah. Im Grunde genommen müsste er ihm die Flaschen zerschlagen und ihn so lange fesseln, bis er überhaupt wieder spürte, wie es ihm ohne Alkohol gehen könnte.

Doch Tom hatte noch eine andere Sorge. »Ich verstehe nicht, wo eure Nachbarn sind?«

Janne zuckte nur mit den Schultern. »Für die meisten ist das hier nur Zweitwohnsitz, also Hobby … Oder sie wurden vielleicht gewarnt?«

Tom schüttelte sich innerlich bei der Vorstellung. »Es gibt vorne am Ortseingang eine Kirche. Wir sollten dort hineinschauen und im Ort fragen, wer Hilfe braucht. Die festen alten Gemäuer sorgen für Kühlung.«

Robert nieste und schaute in die Runde.

»Könnt ihr gerne machen, aber mein lieber Bruder, ich kann dir nur empfehlen, mir dieses eine Mal zu folgen. Ihr sagt niemandem, dass wir hierbleiben, und schon gar nicht, dass wir Vorräte haben. Habt ihr das verstanden?«

Die Eiseskälte in Roberts Augen erinnerte Tom an ihren Vater. Das war der Augenblick, wo mit ihm nicht mehr zu spaßen war.

»Wenn ihr zurückkommt, helft ihr mir im Haus. Vorräte einteilen und so. Die Haustür vorne wird zugenagelt, dann muss immer nur einer hinten Wache schieben und Munition einteilen!«

Entsetzt sah Tom auf. »Munition?«

»Ja, stell dir vor – Munition!«

Kapitel 38

LENTZKE – 45 GRAD

Obwohl die Sonne sich dem Horizont näherte, war die Schwüle unerträglich. Die paar Hundert Meter zur Kirche schwiegen alle. Eben noch hatte Robert seine zwei Jagdgewehre und eine Glock stolz präsentiert. Janne erinnerten sie an die erste Jagd, auf der sie mitkommen durfte. In Friesland fielen hauptsächlich Hasen und Fasane seinen Schrotkugeln zum Opfer. Diese frühe Erfahrung hatten sie nicht traumatisiert und zur konsequenten Vegetarierin war sie auch nie ganz geworden, aber das Weniger war schon mehr. Würden alle das Fleischessen auf ein- bis zweimal im Monat reduzieren, wie noch die Nachkriegsgeneration, dann wäre die Welt schon fast gerettet. Die Nachfrage nach Viehfutter in Brasilien würde sinken, und kein Regenwald müsste mehr gerodet werden. Aber auch da war seit einem Jahrzehnt Stillstand. Ideologische Grabenkämpfe und Diffamierungen, wo man das Thema auch nur ansprach, und wegen eines Veggieday verlor eine Partei einen sicher geglaubten Sieg. Toms erschrockener Ausdruck beim Anblick der Waffen machte Janne klar, dass er nicht vor den Gewehren an sich erschrak, sondern davor, dass es ernst werden könnte. Dass Robert in seinem Alkoholwahn nicht so paranoid war, wie es aussah, und dass sie sich verteidigen müssten, wenn alles weiter zusammenbrechen sollte. Dabei war doch hier niemand weit und breit.

Wie oft hatte sie Robert gehasst, wenn er sich über das ver-
weichlichte linke woke Milieu in Rage redete, wenn er die Hipster
als doppelmoralische Pisser und Feiglinge mit Neandertal-Bärten
verunglimpfte und schrie, dass er verdammt noch mal selbst ent-
scheide, wann er jemanden Neger, Jude oder sonst was schimpfe,
und dass die Russen einmarschieren würden, und zwar ohne Ge-
genwehr, denn wer sollte uns denn verteidigen? Etwa diese Low-
Carb-Detox-Hipster-Generation? So viel aber musste man Robert
lassen: Selbst mit reichlich Promille konnte er einen Hirsch mit
einem perfekten Kammerschuss erlegen. Die Jagd gab Robert das
Gefühl von Unabhängigkeit, das betonte er immer wieder. Man
hätte immer was zu essen und könne sich verteidigen. Auch sonst
hielt er sich an die Überlebenstipps, die ihm sein Großvater mit
auf den Weg gegeben hatte. Ganz wichtig waren Vorräte. Eine
Hütte mit eigenem Garten irgendwo auf dem Land half schon immer, entbehrungsreiche Zeiten besser zu überstehen. Seine Großeltern hatten ein Wochenendhaus an der Ostsee. Die Speisekammer bestand aus einer massiven Holzhütte, oben Knoblauch,
Zwiebeln, Gläser mit Eingemachtem und die Gartenwerkzeuge.
Unten dann im Erdkeller, wo es immer kühl war, hielten sich die
Äpfel bis weit in den März hinein. Was würde werden, wenn in
den Städten die Vorräte ausgingen? Janne hielt sich an dem Gedanken fest, dass da draußen Tausende Menschen daran arbeiteten, das Stromnetz wieder in Gang zu bringen. Ein schwacher
Halt, dachte sie. Ohne Roberts Vorsorge könnte es bald schwierig
für sie alle werden.

Als sie die neugotische Backsteinkirche erreichten, standen sie
vor einem riesigen hölzernen Tor. Tom ruckelte an der Klinke.

»Hier ist wirklich niemand!«

Tobias griff nach Jannes Hand. Aber Janne schüttelte ihn ab.
»Okay, das heißt, wir sind bis auf Weiteres völlig auf uns gestellt?«

Aus der Ferne näherten sich Fahrzeuggeräusche. Einen Augenblick später fuhren drei Mannschaftswagen der Bundeswehr und

ein Feuerwehrwagen durch die verwaiste Durchgangsstraße. Das alleine war nicht beunruhigend, dachte Janne, aber sie war felsenfest davon überzeugt, dass sie auf einem der Transporter bewaffnete Soldaten gesehen hatte. War nun die Bundeswehr im Inneren eingesetzt?

Tom rannte zur Straße und winkte der Kolonne vergeblich hinterher.

»Zur Hölle noch mal, das war die Chance, hier rauszukommen!«

»Gut. Was ist, wenn wir in die nächste Stadt fahren und uns dort informieren?«, fragte Tobias vorsichtig.

Tom schüttelte den Kopf. »Nein, ich fürchte, wir sind hier mit dem, was wir haben, ganz gut aufgestellt, da hat Robert ausnahmsweise mal recht. Die Frage ist nur, wie lange? Gehen wir zurück. Ich muss wissen, wie viel Sprit wir noch in den Autos haben.«

»Was hast du vor?«

»Das Institut am Teufelsberg ist abgeschieden und verfügt über Notstromaggregat, Klimaanlage und so weiter, und es ist dort einfach sicherer, zumindest, wenn das alles länger dauert. Demonstranten werden da jetzt jedenfalls nicht mehr sein. Wir sollten es morgen versuchen.«

Janne und Tobias folgten Tom durch das lang gezogene Straßendorf zu Jannes liegen gebliebenem Wagen. Blutrot versank die Sonne hinter den verdorrten Feldern.

»So ganz alleine sind wir dann wohl doch nicht«, kommentierte Tom den heraushängenden Tankdeckel.

»Abgesaugt?«

»Jep. Kommt, gehen wir zurück.«

Als sie zurückkamen, saß Robert in der Küche neben dem Radio. Auf der Anrichte standen offene Gulaschdosen. Die Suppe blubberte auf einem Gasbrenner.

»Das erste Pack fängt an, verlassene Dörfer zu plündern«, brummte er mit schwerer Zunge, und man hörte, dass sich sein Alkoholpegel deutlich erhöht hatte. »So, einmal Suppe für alle.«

»Ach ja, und wer ist dieses Pack? Deine Querdenker und Verschwörungstheoretiker!«, platzte es aus Janne heraus.

»Hey, Schluss ihr beiden, wir müssen es noch eine Weile miteinander aushalten«, zischte Tom. Und an Robert gewandt: »Wir müssen hier weg. Wie viel Sprit hast du noch im Haus?«

Robert betätigte das Kurbelradio, stellte es in die Mitte des Tisches. »Du hast einen Benziner, und ich hab nur Diesel, und den brauchen wir. Vielleicht hört ihr Klugscheißer euch das einfach selbst an«, polterte er und ging in den Keller.

Der Sprecher hatte eine monotone Stimme:

Aus mehreren Städten werden erste organisierte Aufstände und Plünderungen gemeldet. Der Krisenstab der Bundesregierung betont aber, dass der überwiegende Teil der Bevölkerung sich solidarisch verhält und die Menschen sich gegenseitig unterstützen. Viele Bürger versuchen, die Städte zu verlassen und zu Verwandten, Freunden und Bekannten aufs Land zu fliehen. Oder sie suchen die Küste auf und verstopfen die Straßen. Die Koordinierung der notwendigen Maßnahmen ist durch ausgefallene Kommunikationsmittel erschwert. Polizei und Militär sind durch die Einsätze zur Aufrechterhaltung der Ordnung und Sicherheit sowie zum Schutz kritischer Infrastrukturen überlastet und stehen für andere Hilfeleistungen wie Lösch- und Rettungseinsätze nur noch eingeschränkt zur Verfügung. Der Krisenstab der Bundesregierung hat den Einsatzbehörden den erleichterten Einsatz von Schusswaffen genehmigt. Dennoch kann die öffentliche Ordnung und Sicherheit nicht vollumfänglich gewährleistet werden. Alle Gemeinden werden per Notverordnung angewiesen, in Abstimmung mit den nächstgelegenen Polizeistellen Kontrollpunkte für Personen und Fahrzeuge einzurichten. Personen, die in umliegenden Gemeinden um Aufnahme ersuchen, sind zu registrieren. Festnahmen obliegen nach wie vor ausschließlich der Polizei. Maßnahmen zur Überwachung wichtiger Einrichtungen können von den Bürgermeistern angeordnet werden. Die Bundeswehrkräfte werden angehalten, sich an neuralgischen Punkten wie Kliniken, Wasserreservoirs und Tankstellen zu positionieren. Erschöpfungsbedingte Personalausfälle bei den Einsatzkräften dürften in den kommenden Tagen zu Engpässen führen. Daher sei damit zu rechnen, dass ungesicherte Geschäfte und Warenlager zum Ziel von Plünderern würden. Die Polizei ist personell nicht mehr in der Lage, diese Kleinbanden zu verfolgen und festzunehmen.

Ich wiederhole: Die öffentliche Ordnung und Sicherheit ist nicht mehr flächendeckend gewährleistet, da alle Einsatzkräfte bundesweit mit der Bekämpfung von Wald- und Siedlungsbränden gebunden sind. Da die Brände vielerorts nicht mehr aufzuhalten sind, wurden Zehntausende aufgefordert, ihre Häuser zu verlassen.

Der Krisenstab bittet die Bevölkerung, allein lebende ältere Menschen zu schützen. Etliche Senioren wurden bereits tot in ihren Wohnungen aufgefunden, sie sind der Hitze zum Opfer gefallen. Die aktuellen Temperaturen von bis zu 52 Grad werden auch in den kommenden Tagen erwartet. Wann die Stromversorgung wiederhergestellt werden kann, ist derzeit unklar. Eine wesentliche Rolle spielen dabei sogenannte schwarzstartfähige Kraftwerke, die ohne elektrische Zusatzenergie aus dem Netz wieder mit der Stromerzeugung beginnen und erste Versorgungsinseln aufbauen können. Diese Kraftwerke liefern auch jene Energie, die zum Anfahren weiterer, nicht schwarzstartfähiger Kraftwerke notwendig ist. Generell kommt Österreich und der Schweiz bei einem Blackout in Europa eine besondere Rolle zu. Ausgehend von den Pumpspeicherkraftwerken in den Alpen wird das gesamte Stromnetz in Europa wieder bespannt. Die große Herausforderung liegt derzeit darin, einzelne Versorgungsinseln rund um die wieder laufenden Kraftwerke im gesamteuropäischen Verbundnetz zusammenzuschließen.

Bis dahin gilt: Meiden Sie nachts die Straßen. Bleiben Sie in Ihren Häusern. Helfen Sie wo möglich Ihren Nachbarn und suchen Sie kühle Orte auf. Die Polizei schützt zentrale Knotenpunkte, an denen sich Menschen abkühlen und versorgen können. Und hören Sie stündlich die neuesten Nachrichten.

Janne drehte sich zu Tom. »Und, willst du immer noch ins Institut?«

»Hört zu, ich weiß, das hört sich jetzt alles ganz schrecklich an, aber wenn diese Phase vorbei ist, werden die Menschen die Regierungen unter Druck setzen. Und ja, ich will zumindest die Option haben, hier wegzukommen. Man hört ja, dass fast alle Menschen sich gegenseitig helfen. Aber immer knallen auch ein paar durch …«

Robert kam zurück in die Küche. »Wir verschanzen uns hier. Ich sag das nicht noch mal. Ich hab vorhin diesen Lehrer gesehen, und er war bewaffnet.«

Kurz herrschte eine andächtige Stille. Janne sah auf und ging zum Fenster. Es war dunkel geworden. In der Ferne leuchtete der Himmel orangefarben, und gegenüber im Nachbarhaus sah sie eine Frau ins Haus huschen und schnell die Tür schließen.

»Da sind doch noch Leute und …«

»Was hast denn du gedacht? Aber jetzt kümmert sich jeder nur noch um sich selbst. Also Licht aus und Ruhe für heute!«

Kapitel 39

LENTZKE – 31 GRAD

Tom schloss den Gaskocher, schlürfte seinen Kaffee und hörte aus dem Flur, wie Robert Janne und Tobias im Kasernenhofton auf ihr Zimmer beorderte und sie ermahnte, ja nicht das Haus zu verlassen. Die kurze Hoffnung, etwas alleine zu sein, war jäh zerstört.

»Und, kann der Herr Kriegsdienstverweigerer eine Waffe bedienen?«, stichelte Robert.

»Ich wurde nicht gemustert, das ist etwas anderes. Im Gegensatz zu dir habe ich in einer stets schussbereiten Umgebung gelebt.«

Robert legte die Glock auf den Tisch. Seine Hand zitterte, und er ließ sich auf den Stuhl fallen.

»Du und deine Wissenschaftler, ihr habt also gewusst, dass das dieses Jahr durch die Decke geht. Und du hast uns nicht gewarnt?«

Tom sah in das verlebte Gesicht seines Bruders, hängende Mundwinkel, dunkle Augenringe, und doch konnte er noch den Jungen erkennen, der zu feige war, dem Vater Paroli zu bieten, als er eines Tages betrunken vor ihnen stand und befahl, dass Tom Koch werden solle und Robert Landwirt. Das war wenige Tage, nachdem Vater in letzter Sekunde den Konkurs hatte abwenden können. Tom hatte es derart mit der Angst zu tun bekommen, dass er noch in derselben Nacht kurz vor seinem siebzehnten Geburtstag seine Sachen gepackt hatte und nach Hamburg geflohen war, um dort bis zu seiner Volljährigkeit bei einem Haufen Punks in einer Bauwagensiedlung unterzukommen. Er hatte Robert immer wieder angerufen und ihn beschworen, diesen Ort, dieses unglückliche Elternhaus zu verlassen. Vergeblich. Tom hatte das Glück, dass ein Freund ihm geholfen hatte. Er konnte sich bei einem Gymnasium mit sozial eingestellten 68er-Lehrkräften anmelden. Sie kannten seine Lage, halfen, wo es ging, und sorgten dafür, dass die Behörden wegen seines Alters und des Wohnsitzes keinen Ärger machten. Dennoch quälte Tom fast ein Jahr lang die Angst, dass ihn die Polizei abholen und wieder nach Hause bringen könnte. Dass das nicht geschah, hatte er seiner Mutter zu verdanken. Zu ihr hielt er Kontakt, und sie hielt den herrischen Vater zurück. Als Tom das erste Zeugnis nach Hause schickte, gab der Vater schließlich nach.

»Ich habe dich immer gewarnt, Robert, du hast nur nie zugehört. Aber vielleicht ist das eine Schwäche, die viele haben.«

Robert hob seinen schwitzenden Kopf.

»Was meinst du?«

»Na ja, an etwas festzuhalten, das uns im Grunde ruiniert.«

»Siehst auch nicht besser aus«, erwiderte Robert.

»Ich sag's ja, nicht zuhören und zum Gegenschlag ausholen, das kannst du gut. Robert, die Wunden, die du in dir trägst, hast du dir selbst zugefügt, und was wir aus diesem Planeten gemacht haben, haben wir alle auszubaden. Da, mein Lieber, gibt es aber tatsächlich viele unschuldige Opfer!«

Robert sagte nichts, stand auf und öffnete eine Flasche Wein.

»Jetzt könnte ich auch was vertragen.«

Tom konnte regelrecht spüren, wie widerwillig Robert das zweite Glas füllte. Seine Vorräte dürften sich bald dem Ende zuneigen.

»Willst du nicht mal was dagegen tun?«

Robert blinzelte verlegen vor sich hin. »Ich habe an nichts anderem mehr Freude, kleiner Bruder.«

»Tja, keine Sorge. Ich finde es im Grunde nicht mal schlimm!«

»Wie bitte?«

»Du bist wenigstens ehrlich. Unsere kollektive Sucht nach Wohlstand hat uns dahin gebracht, wo wir heute …«

»Pst, sei mal ruhig!«

Von draußen war das Dröhnen eines PS-starken Motors zu hören. Robert ging zum Fenster. Ein Lichtkegel erhellte das Grundstück. Tom kannte diese Vorrichtung von amerikanischen Polizeiwagen, die so nachts die Siedlungen sicherten. Er folgte Robert zum Fenster. Gemeinsam beobachteten sie durch den kleinen Schlitz, wie ein monströser Pick-up mit drei oder vier Gestalten auf der Ladefläche die Gegend inspizierte.

»Hilfe, was machen wir jetzt?«

Zwei Männer sprangen ab und näherten sich Toms Wagen. Tom nahm die Glock vom Tisch und lud die Waffe durch.

Robert hielt seinen Zeigefinger vor den Mund und flüsterte. »Nicht, um Gottes willen. Die wollen vielleicht nur den Sprit.«

»Ja, und genau den brauche ich, verdammt!«

Mit zerknirschter Miene holte Robert seine Waffe.

Toms Hand begann so sehr zu zittern, dass er nicht wusste, ob er überhaupt in der Lage wäre, zu schießen. In Wahrheit hatte er noch nie eine Waffe auf einen Menschen gerichtet und war nur einmal in seinem Leben bei einem Sicherheitsschießtraining gewesen. Tatsächlich musste er jetzt mit ansehen, wie sein Auto geknackt wurde und seine Tasche mit Klamotten und zweitem Laptop im Pick-up verschwand. Der Sprit wurde routiniert in einen Kanister abgesaugt, und während Tom inständig hoffte, dass sie es dabei belassen würden, beobachtete er, wie sich zwei der Gestalten in Richtung Innenhof aufmachten.

Robert ging auf Zehenspitzen in den Flur und nahm die Hintertür mit gezogener Waffe ins Visier.

Tom kniete sich hinter ihn und hob ebenfalls seine Waffe an. Sein Puls ließ den Arm auf und nieder wippen.

Von draußen hörten sei das Krachen einer Scheibe. Robert fluchte leise: »Verdammt, das war mein Wagen. Dann nehmen sie sich noch das Wohnmobil vor – und dann wird es brenzlig.«

Tom flüsterte: »Ich wecke die anderen, die laufen uns sonst noch in die Schusslinie.«

»Nimm das Gewehr mit. Janne kann damit umgehen.«

Tom schlich den Flur entlang und öffnete leise die Tür zu Jannes Zimmer. Die beiden jungen Leute saßen schon aufrecht und angezogen im Bett. Janne stand wortlos auf und nahm das Gewehr. Der Ausdruck in ihren Augen tat Tom in der Seele weh. Sie alle mussten sich darauf einstellen, auf einen Menschen schießen zu müssen oder auch selbst sterben zu können. Im nächsten Moment schraken alle auf. Zwei, drei Schüsse ertönten aus Richtung des Nachbargrundstückes. Danach kurz komplette Stille. Toms Puls raste, und sein Herz begann zu schmerzen. Wieder ein Schuss. Dann eine Explosion. Durch das Fenster in Jannes Zimmer flackerte der Schein von Flammen. Dann heulte der Motor des Pickups auf. Noch ein Schuss. Tom beobachtete, wie Tobias vorsichtig aus dem Fenster spähte und den Kopf wieder senkte.

»Er hat sie echt vertrieben.«

»Wer?«

»Der Nachbar. Er ist gerade wieder in sein Haus gegangen. Aber sie haben sein Auto angezündet.«

Janne legte das Gewehr beiseite und rannte ins Bad, wo man hörte, wie sie sich übergab.

Robert kam mit einer kleinen batteriebetriebenen Lampe. »Hätte ich dem Lehrer gar nicht zugetraut.«

»Robert, wir müssen hier weg«, forderte Tom.

»Mitten in der Nacht und zu Fuß? Super Idee! Und wie weit willst du so kommen?«

Plötzlich flackerte Blaulicht durch die Fenster. Robert atmete auf, ging zur Haustür. Eine Kolonne von Polizeiwagen durchquerte das Dorf ohne Halt.

»Na toll. Verdammt. Aber immerhin vielleicht kriegen sie die Schweine«, raunte Robert.

Tom wollte kaum glauben, dass die Polizei hinter den Dieben her war, wer hätte sie auch melden sollen. Er ging über den Innenhof auf die Straße und sah, dass der Lehrer versuchte, seinen Wagen mit einem Handfeuerlöscher zu löschen. Der Schaumnebel verdeckte die Sicht auf den Einzelgänger.

»Wir sollten ihm unsere Hilfe anbieten, zusammen sind wir stärker.«

Langsam erloschen die Flammen, und als sich der Qualm langsam auflöste, war der Nachbar schon wieder im Haus verschwunden. Merkwürdiger Typ, dachte Tom, und kurz war er fast erschrocken, dass der Mann, ohne zu zögern, auf die Eindringlinge geschossen hatte. Was würde passieren, wenn ihm die Vorräte ausgingen? In der Theorie hatte Tom in Erinnerung, wie Menschen sich in einem solchen Katastrophenfall verhalten würden, und die Sozialwissenschaftler des Klimarates hatten die gesellschaftlichen Reaktionen bei unzähligen kleineren Blackouts und Naturkatastrophen untersucht. Wie schnell würde es zu Chaos und Anarchie kommen? Interessanterweise waren alle zu dem Ergebnis gekommen, dass es zwar zu den erwarteten kleineren Straftaten und Plünderungen kam, ansonsten sich jedoch eine überwältigende Solidarität breitmachte. Die Menschen halfen einander, wo sie konnten, kümmerten sich um Schwächere und stellten das Gemeinwohl vor den persönlichen Vorteil. Das aber nur unter einer Bedingung: Das Vertrauen in die Behörden musste bestehen bleiben. Alles, was Tom seit seiner Rückkehr nach Deutschland erlebt hatte, entsprach eher dem Gegenteil. Die deutsche Politik hatte das Land während der Pandemie und des Krieges in der Ukraine, mit Inflation und einer Presselandschaft, die, egal mit welcher politischen Agenda, alles in Grund und Boden schrieb, schon längst in eine schwere Vertrauenskrise gestürzt. Doch jetzt fanden sich die Menschen in einer ganz anderen Situation wieder. Ein Hitzesommer, der das schiere Überleben für viele schon schwierig genug machte. Und nun der Blackout, der das Leben jedes Einzelnen in den elementarsten Dingen betraf. Dennoch hatte diese aktuelle Katastrophe das Zeug dazu, die Menschen zusammenzuschweißen und eine gespaltene Gesellschaft zu ungeahnten Leistungen zu vereinen. Aber klar war auch: Jede weitere Stunde ohne Strom würde Leben kosten.

Tom sehnte sich den nächsten Morgen herbei. Diesen Morgen, an dem er geplant hatte, ins Flugzeug zu steigen, um Lil endlich in die Arme zu schließen. Die Angst, dass das alles vielleicht gar nicht mehr funktionieren würde, war zermürbend. Wie lange würde dieser Zustand anhalten? Und wie ging es Mareike? Die spärlichen Informationen aus dem Radio gaben wenig Anlass zu Optimismus. Selbst wenn der Strom wieder da wäre, würde es vermutlich lange dauern, bis der Flugverkehr wieder aufgenommen werden könnte und die von der Hitze ramponierten Landebahnen überhaupt befahrbar wären. Tom hatte immer Zugang zu allen staatlichen und wissenschaftlichen Stellen. Sogar zum US-Geheimdienst und zu allen relevanten Playern, die ihre Krisensitzungen wahrscheinlich gerade relativ abgesichert wie gewohnt mit Sekt und Fingerfood abhalten konnten.

Die halbe Welt stand in Flammen, ausgerechnet jetzt, wo Tom endlich mit Lil nachholen wollte, was er die ganze Zeit versäumt hatte. Er sah Robert, wie er sich neben Janne und Tobias auf die Treppe setzte. Die Nacht war fast vorüber, und Tom hatte den Wunsch, dass er und sein Bruder endlich aufhören würden, sich wie zwei verfeindete Scharfschützen immer wieder ins Visier zu nehmen und aus der Reserve zu locken. Nun war die lange angekündigte Katastrophe da. Es gab für ihn keinen Grund mehr, sein Wissen durchsetzen und recht behalten zu müssen. Jetzt galt es, nach vorne zu blicken und Lösungen zu finden. Toms Leben hatte etwas von der Tragik der antiken Kassandra, dieser schönen Tochter des trojanischen Königs Priamos, der die Gabe der Weissagung gegeben war. Als sie die Verführungsversuche des Gotts Apollon zurückwies, verfluchte er sie, auf dass niemand ihren Weissagungen Glauben schenken werde. So wurde aus ihr eine tragische Heldin, die immer das Unheil voraussah, aber niemals Gehör fand.

Dieses Schicksal teilte Tom mit Abertausenden Wissenschaftlern und Menschen, die schon vor Jahrzehnten verstanden hatten, dass die Menschen dabei waren, ihren Planeten durch ihre Lebens- und Wirtschaftsweise ernsthaft zu gefährden. Aus welchen Trümmern würden sie auferstehen, selbst wenn die Stromversorgung wieder gewährleistet wäre? Unzählige Menschen würden ihr Leben verloren haben. Wenn es ganz schlimm liefe, wäre sogar die Demokratie Geschichte. Aber da war diese neue Generation voller Wissen und Lösungen für die Bewältigung solch einer dramatischen Epoche. Er blickte zu Janne. Das war kein verwöhntes unfähiges Wohlstandskind. Und auch in Tobias' Körperhaltung war keine Resignation zu deuten. Einen Arm hatte er um Jannes Schulter geschlungen, die andere war zur Faust geballt. Dieser junge Mann konnte seine Emotionen zügeln. Er passte gut zur aufbrausenden Janne. Sie alle mussten durchhalten, egal wie lange. Das Leben war es wert. Das Zeitalter der großen Anpassungen begann genau jetzt. Und wie in der Französischen Revolution würde es darum gehen, zunächst den mächtigen König, der heute auf die Namen Gier und Macht hörte, zu stürzen. Und dann galt es, sich auf die zutiefst menschliche Fähigkeit, die in uns allen schlummerte, zu besinnen: die große Gabe, sich in der Not zu verändern.

Kapitel 40

Janne saß auf der Couch und beobachtete Tobias. Gerade hatten Sie den Radio-Notkanal gehört:

1600 Hitzetote innerhalb einer Woche in Spanien, über 20 000 in Portugal. Im gesamten Bundesgebiet wüteten über 60 Großbrände, und über 15 000 Menschen sind binnen zwei Tagen entweder direkt oder indirekt an den Folgen von Hitze und Bränden gestorben.

»Und kein Ende in Sicht«, seufzte Tobias. »Aber solange es der Wirtschaft wieder gut geht und wir wieder schneller als 130 fahren dürfen, ist ja alles in Ordnung.«

»Ja, aber diesmal wird's das gewesen sein. Hiernach geht es nicht mehr weiter. Erst die Pandemie, dann der Krieg und dann die ganze Welt auf der Flucht vor der Hitze – die Kacke ist so was von am Dampfen.«

Janne dachte an diesen Schwachkopfredakteur, der sich gebrüstet hatte, es sei sein Menschenrecht, einen Porsche zu fahren. Wahrscheinlich fand er jetzt irgendwo Unterschlupf in einem gekühlten Bunker, um anschließend festzustellen, dass auch sein ideologisch verteidigter Wohlstand im Begriff war, sich aufzulösen. Die Sonne kannte keine Gnade.

Das Brummen des Notstromgenerators verriet, dass auch Robert wach war. Er hatte den Rest der Nacht neben den Vorräten im kühleren Keller seinen Rausch ausgeschlafen.

Tom kam herein. »Mag jemand Kaffee?«

Janne schüttelte den Kopf. »Du, Tobias?«

»Nein danke. Ich würde gerne wissen, wie wir die nächste Nacht überleben sollen, das alles war doch sicher nur der Anfang. Warum versuchen wir nicht, in den nächsten Ort zu kommen?«

Janne überlegte, wie hoch das Risiko war, bei über 50 Grad und bewaffnet über die Landstraße zu laufen, ohne zu wissen, wie die Sicherheitssituation im nächsten Ort war. Als hätte er denselben Gedanken, fragte Tom:

»Wie weit ist Fehrbellin entfernt?«

Janne war einmal den Weg gelaufen, als ihr Wagen nicht mehr ansprang.

»Zu Fuß eine gute Stunde.«

»Jede größere Stadt oder Gemeinde hat vermutlich Anlaufstellen, also so etwas wie Selbsthilfebasen«, überlegte Tom.

»Leute, ich hab eine Idee!«

Janne stürmte an Robert vorbei, der in der Küche eine Mahlzeit bereitete, hinunter in den Keller. Als Kind hatte sie ein für Mädchen ungewöhnliches Hobby von ihrem Vater übernommen. Sie hatte das CB-Funk-Gerät immer mitgeschleppt, denn an Tagen, an denen es ihr nicht gut ging, war sie damit in der Lage, über weite Strecken mit völlig fremden Menschen Kontakt aufzunehmen. Unvorstellbar in der heutigen digitalen Zeit, hatte Robert ihr das Ding, kurz nachdem Siggi gestorben war, hingestellt und eine größere Antenne am Haus montiert. Während in den Neunzigern bald jeder sein Handy hatte, trat sie als Jüngste in den regionalen Funk-Klub ein. Robert ließ die Karten drucken, die sich die Funker gegenseitig nach einem Erstkontakt schickten. Ihr Name war Flo1997 und ihr Wappen eine Ente. Neben dem ohrenbetäubend lauten Notstromaggregat, das Robert gerade für den Haushalt angeschaltet hatte, stand eine Munitionskiste aus dem Ersten Weltkrieg, die Janne auf einen Flohmarkt erstanden hatte. Es war alles da, Gerät, Kabel, Mikrofon, und die Antenne klemmte hinter dem Regal. Janne wusste, sie könnte damit zum Gamechanger werden und alle aus ihrer misslichen Lage befreien.

Wenn sie sich richtig erinnerte, hatte die Antenne im ländlichen Raum eine Reichweite von sechzig bis siebzig Kilometern oder mehr, je nach Wetterlage. Hastig sammelte sie alles ein und flog die Treppe wieder hinauf. Unter den skeptischen Blicken von Tom und Tobias eilte sie auf die Terrasse, stieg bis zum Ende der Feuerleiter, klemmte die Antenne behelfsmäßig hinter den letzten Pfosten, ließ das Kabel fallen, stieg hinab und verband es mit dem Funkgerät.

Tobias legte seinen Arm um Janne. »Schatz, das wird nichts. Die Behörden haben längst digitalen Funk!«

»Mag schon sein, aber im CB-Funk sind nach wie vor einige Menschen aktiv, vorwiegend Fernfahrer. Und Kanal 9 war immer der Notrufkanal.«

Tom zog die Augenbrauen hoch.

»Gibt es eigentlich irgendetwas in diesem Land, das im Notfall funktioniert? Normalerweise arbeiten doch Amateurfunker mit der Armee und den Katastrophenschutzbehörden zusammen.«

Janne hatte den Kanal eingestellt und musste lachen, als sie ihren Funknamen als Hilferuf absetzte. »CQ, CQ Allgemeiner Anruf von Flo1997!« Tobias und Tom lauschten gebannt dem Rauschen. Wieder und wieder setzte Janne den Ruf ab, aber es kam keine Antwort.

Robert trat ins Zimmer. »Es gibt was zu essen, wenn ihr wollt.«

Janne legte das Mikro beiseite. Das Gefühl maximaler Frustration überrollte sie. »Ich will hier weg. Wir können doch nicht noch einmal so eine Nacht verbringen.«

Robert setzte sich auf die Couch neben Tom.

»Wie lange brauchen die, um das Netz wieder hochzufahren?«

Tom fuchtelte vage mit den Händen. »Von … bis … sorry, woher soll ich das denn wissen. Sollten die Brände auch noch die Transistorwerke erwischt haben, kann das eine Ewigkeit dauern, und wenn die Franzosen alle Atomkraftwerke runtergefahren haben – puh, vielleicht ein paar Wochen?«

Janne spürte die Hilflosigkeit der beiden Männer. Als würde er ihr aus der Seele sprechen, stand plötzlich Tobias mit entschlossener Geste auf.

»Komm schon, Janne, den Weg nach Fehrbellin schaffen wir, und bei Tageslicht sehen wir auch rechtzeitig, ob irgendwelche Plünderer oder was weiß ich für Gestalten herumlaufen. Und ihr solltet versuchen, mit den Nachbarn Kontakt aufzunehmen. Es kann ja wohl nicht sein, dass wir uns gegenseitig die Köpfe einschlagen.«

Robert sah sprachlos zu ihm auf. »Spinnst du komplett? Ihr habt doch gestern gesehen, was passiert. Auf gar keinen Fall lauft ihr mir in diese Hölle.«

Tom schien da anders zu denken. »Robert, verdammt. Du redest mit Erwachsenen, und sie sind fitter als wir und vertragen die Hitze besser. Am besten springt ihr vorher noch mal in den Kanal.«

Janne sah, dass Robert sich diesmal, entgegen seiner sonst dämlich wirkungslosen Autorität, ernsthafte Sorgen machte.

»Wir passen schon auf.« Janne schnappte sich ihren Sonnenhut. »Aber ich will wissen, ob wir eine Chance haben, irgendwie nach Friesland zu kommen oder wenigstens ans Meer.«

Robert sank in sich zusammen. »Na gut, aber ihr geht nicht über die Straße, sondern über den Weg am Rhinkanal. Ihr könnt euch immer wieder mal mit Wasser abkühlen und fallt nicht jeder Horde gleich auf. Tom, du hilfst mir unterdessen, das Haus besser dicht zu machen. Und ihr beiden, kommt ihr mal eben mit?«

Janne und Tobias folgten Robert in die Küche. Kurz ging er in den Keller und kehrte mit einer Schachtel und vier Flaschen Wasser zurück.

»Da liegt ein Rucksack. Hier ein Walkie-Talkie. Reichweite sollte ausreichen. Ihr meldet euch alle zehn Minuten. Okay?«

Roberts Hände und Lippen zitterten. Alles wäre anders, wenn Siggi noch da wäre. Plötzlich wurde Janne wieder bewusst, dass ihr um Gottes willen nichts zustoßen durfte. Sie war alles, was ihr Vater hatte.

»Ich weiß, dass du es immer gut meintest. Und ich verspreche dir, dass wir bei der kleinsten Gefahr umdrehen.«

Robert nahm die Glock vom Schreibtisch.

»Ist gesichert!«

Tobias streckte die Hand aus.

»Kleiner, das überlässt du besser meiner Tochter.«

Tobias lachte kurz.

»Panzerbrigade 21! Alter Mann«, konterte Tobias.

Janne nahm die Waffe und steckte sie in den Rucksack. »Pimmel messen könnt ihr, wenn wir hier raus sind!«

Janne und Tobias gingen in den Innenhof. Janne blickte kurz zurück und sah, dass Robert die Panik ins Gesicht geschrieben war. Er wirkte so geschwächt. Niemals würde er bei diesen Temperaturen eine längere Tour in der Sonne auch nur wenige Kilometer weit durchhalten. Deswegen wollte er alle hierbehalten, aber das war Wahnsinn. Sie mussten ein Auto auftreiben. Über den Garten erreichten sie den Rhinkanal.

»Das mit dem Baden hat sich wohl erledigt«, kommentierte Tobias das stinkende Rinnsal.

»Kannst du ein Auto knacken?«

Tobias schwang sich den Rucksack über die Schulter. »Kommt auf den Wagen an. Moderne Autos eher nicht.«

Sie liefen durch die stehende Luft. Temperaturen werden ja immer im Schatten angegeben. Über 50 Grad, dachte Janne, was heißt das eigentlich in der Sonne? 60, 70 oder mehr? Ihre Haut brannte binnen Sekunden, und sie zog die Ärmel ihrer Bluse herunter.

Weit und breit war keine Menschenseele zu sehen. In einigen Kilometern Entfernung verdunkelten Rauchsäulen den Himmel. Schon knackte das Walkie-Talkie. »Test, Test … Alles gut?«

Tobias fummelte das Ding aus dem Rucksack und streckte es Janne hin.

»Ja, und jetzt erst mal Ruhe! Danke«, forderte Janne und suchte Schutz unter einem Baum.

Kapitel 41

LENTZKE – 51,5 GRAD

Robert hatte Tom angewiesen zu schauen, ob in den Tanks der Wagen doch noch ein Rest von Sprit verblieben war. Der Diesel für das Notstromaggregat würde bald aufgebraucht sein. Aber die Vorräte an Wasser, Konserven und Batterien reichten immerhin für eine Woche. Immer wieder dachte Robert nach, ob er bei seinem Nachbarn, dem Lehrer, vorbeischauen sollte. Aber wie würde der reagieren? Robert hatte sich in den letzten Jahren wenig Freunde gemacht. Er nahm das Funkgerät.

»Janne, wie sieht es aus?«

»Äh, wir sind kurz vor dem Rathausplatz. Hier ist nichts und niemand. Warte kurz!«

Robert hörte das Knacken und Rauschen. Die Verbindung war wahrscheinlich wegen der Hitze schlechter, als er angenommen hatte.

»Der Ort ist komplett evakuiert worden. Und verdammt, ich sehe kein einziges Auto mehr!«

Tobias' Stimme drang durch das Walkie-Talkie. »Doch, warte, da ist ein alter Golf!«

Robert spürte eine Panik, die sich kalt um sein Herz legte. Seit gestern Abend waren seine Vorräte an Wein und Wodka bedrohlich zusammengeschmolzen, und er trank jetzt nur noch für den Pegel.

»Haut da ab. Wenn die evakuiert haben, ist das eine Einladung für Plünderer und Kriminelle. Hört ihr. Kommt zurück!«

»Wir versuchen, den Wagen zu knacken, und dann kommen wir!«

»Nein, Janne. Janne?«

Roberts Hände zitterten wie bei einem Parkinsonkranken, und er hatte Angst, einfach zusammenzubrechen. In der Küche schüttete er sich eine der kostbaren Wasserflaschen über den Kopf. »Verdammt, sei doch vernünftig«, versuchte er sich selbst zu beruhigen. Die nächste Flasche trank er in gierigen Schlucken und konzentrierte sich auf seine Atmung, um seinen Puls in den Griff zu bekommen.

Das herannahende Geräusch glich dem der letzten Nacht. Robert griff sich seine Flinte und ging zum Hintereingang, den Tom, dieser Idiot, sperrangelweit offen gelassen hatte. Es sah seinen schmächtigen Bruder und vier muskulöse Typen in grauen Shirts und kurzen Hosen. Ihre Arme und Unterschenkel waren mit Tattoos gepflastert, und sie trugen Handfeuerwaffen.

»Hey, habt ihr uns etwa gestern den Sprit geklaut?«, hörte er Toms Stimme. »Wegen euch Vollidioten kommen wir hier nicht mehr weg. Aber wenn ihr mich zum nächsten größeren Ort mitnehmt, bin ich bereit, die Sache zu vergessen.«

Robert wusste nicht, ob sein Bruder wirklich glaubte, dass sie ihm helfen würden, oder ob er diesen gefährlichen Schwachsinn aus Angst um sein Leben von sich gab. Der Typ mit Vollbart, der Einzige, dessen Körper nicht wie ein lebender Comicstrip aussah, lachte ihm ins Gesicht und zog die Waffe.

»Soso, ihr habt nichts mehr, ja? Warum seid ihr dann noch hier?«

Tom hob im Reflex die Arme.

»Na los, was für Vorräte habt ihr im Haus«, schrie der Vollbart.

»Ich würde nicht nach dem Sprit schauen, wenn wir hier noch lange überleben können«, konterte Tom in aller Seelenruhe. Was immer Tom sich dabei dachte, es verschaffte Robert Zeit nachzu-denken. Wenn er abwartete und sich versteckte, würde er Tom ans Messer liefern. Die Jungs sahen aus, als würden sie nicht zögern, ihn zu lynchen. Würde Robert einen Warnschuss abgeben, wäre Tom wohl ebenso ein toter Mann. Er nahm seine Waffe, lud sie durch, legte sich die Patronen zurecht und linste aus dem Fenster. Plötzlich lag Tom am Boden.

»Los, ihr holt alles, was ihr finden könnt, ich halt den Schwäch-ling hier in Schach«, ätzte der Vollbart. Erst jetzt sah Robert, dass er der Einzige der Bande war, der eine Waffe trug.

Robert atmete einmal tief durch und schoss. »Ich hab dich im Visier du Penner! Lass den Mann ins Haus gehen, oder das war's dann für dich.«

Roberts zweiter Schuss knallte in die Windschutzscheibe des Pick-ups.

Die Typen suchten Deckung hinter dem Auto, und Tom kroch in Richtung Innenhof. Robert lud nach. Er rannte ein Zimmer weiter und schoss ein weiteres Mal aus dem Fenster auf den Wa-gen. Tom hatte es hoffentlich ins Haus geschafft. Die Idee, den Angreifern durch wechselnde Schussplätze zu suggerieren, dass er nicht alleine war, zeigte Wirkung. Nun hob der Vollbart die Hände.

»Waffe hinlegen und dann verpisst euch!«

»Ist ja schon gut. Ich hätte nicht auf euch geschossen. Immer mit der Ruhe«, sagte der Typ, aber seine Stimmlage verriet Panik, während er murmelte: »Große Fresse und nichts dahinter.«

»Ich sag es nicht noch einmal. Haut ab!«

Während die anderen hektisch auf die Ladefläche flankten, setzte sich der Vollbart ans Steuer und schoss mit durchdrehenden Reifen davon.

Robert schnappte sich eine Flasche Wasser aus der Küche und eilte keuchend in den Innenhof. Dort lehnte Tom an der Mauer und starrte abwesenden Blicks in den Himmel. Sein Gesicht war zerkratzt, die Schläfe geschwollen, das Hemd zerrissen, und der Schweiß rann ihm über die Brust.

»Hey! … Hey, Bruder!«

»Ich kann nicht mehr, Robert. Ich … wir müssen hier weg!«

Robert spürte seinen Puls bis in die Kehle, ihm wurde übel, und er begann, am ganzen Körper zu zittern. Als Tom ihn ansprach, rauschte es in seinen Ohren, und ihm wurde schwarz vor Augen. Wie aus großer Entfernung hörte er im Haus das quietschende Signal des Walkie-Talkies. Tom stand auf, selbst noch wackelig auf den Beinen, und half seinem Bruder ins Haus.

»Schaffst du es in den Keller? Du musst dich abkühlen!«, fragte Tom, und Stufe für Stufe wankten sie hinab.

Robert setzte sich neben das Regal. Tom half ihm, eine Flasche Wasser zu öffnen.

Oben in der Küche meldete sich das Walkie-Talkie. »Robert, wo bist du? Wir brauchen deine Hilfe.«

Kapitel 42

LENTZKE – 49 GRAD

Tom mühte sich die Treppe hinauf und suchte das Funkgerät. Er fand es auf dem Schreibtisch neben einer leeren Flasche Wein. Ihm war klar: Sein Bruder litt nicht nur unter der Hitze, sondern zeigte deutliche Entzugserscheinungen. War das, weil ihm der Stoff ausgegangen war? Oder versuchte er aus freien Stücken zu verzichten?

»Janne, hier ist Tom. Was ist los?«

»Wo ist Robert?«

»Es geht ihm nicht gut! Was ist los? Kommt zurück, wir müssen hier weg«, fasste Tom zusammen. Was gerade vorgefallen war, verschwieg er allerdings. Obwohl alles so schnell gegangen war, so stand doch fest: Sein alkoholkranker Bruder hatte ihm gerade das Leben gerettet. Jetzt war es an ihm, alle in Sicherheit zu bringen.

»Okay. Wir versuchen gerade vergeblich, ein Auto zu knacken. Weißt du, wie das geht?«

»Bei modernen Autos mit Wegfahrsperre? Vergiss es. Bei älteren musst du die Lenkradverkleidung beim Zündschloss öffnen und einfach die richtigen Kabel zusammenbringen. Ist denn in Fehrbellin niemand, der uns helfen kann? Seid ihr beim Rathaus gewesen, irgendwelche Hinweisschilder oder so?«

Janne schluchzte hörbar.

»Nichts und niemand. Es sind ziemlich viele Häuser abgebrannt. Und wir haben Tote gesehen. Ich will, dass das alles aufhört! Egal in welche Himmelsrichtung du schaust, überall siehst du Rauchsäulen.«

Tom spürte die Verzweiflung bis ins Mark. »Kommt jetzt zurück«, sagte er in beruhigendem Tonfall. »Wir müssen alles vorbereiten, um hier abzuhauen.«

»Ja, hab ich verstanden.«

Tom ging zurück in den Keller. Robert lag schnarchend auf dem feuchten Boden. Es roch nach Erde, aber die Temperatur war wie Medizin. Rechts neben dem Generator standen leere Kanister. Offenbar war jetzt auch noch der Diesel alle. Daneben zwei gepackte Notfallrucksäcke.

Robert wachte auf. »Was ist mit Janne?«

»Sie sind auf dem Rückweg. Wir müssen dich irgendwie fit kriegen, Alter, und im Morgengrauen, solange es die Temperatur zulässt, geht es dann nichts wie weg von hier. Hast du eine Landkarte?«

Robert zog sich an der Wand hoch.

»Im Rechner …«

»Google ohne Internet. Wie witzig. Ich meine eine gedruckte.«

»Halt mich nicht immer für dümmer, als ich bin. Die Karten sind offline gespeichert, und der Akku dürfte noch voll sein.«

Beide gingen hoch in Roberts Zimmer. Tom setzte sich an den Tisch und öffnete den Rechner. Daneben stand ein Bild aus den jungen Tagen ihrer Eltern. Er verharrte einen Moment.

»Sie war echt eine bildhübsche Frau.«

Robert ließ sich gegenüber in den Sessel fallen.

»Ja, war sie.«

»Robert, es tut mir …«

»Lassen wir das.«

»Nein, im Ernst. Es tut mir leid. Ich habe immer gedacht, wir hätten noch Zeit, um uns wieder anzunähern. Die Jahre, in denen wir das hätten schaffen können, sind einfach an mir vorbeigeflogen.«

Robert rieb sich mit schmerzverzogener Miene Arme und Beine.

»Jeder von uns hadert. Es ist okay. Ich hab letztens deine Wikipedia-Vita gelesen.«

»Was hat das damit zu tun?«

»Was du geleistet hast, um das zu verhindern, was gerade trotzdem geschieht, hätten zwei Menschen kaum geschafft!«

Tom blickte wieder auf das Bild und das zauberhafte Lächeln seiner Mutter.

»Versuchst du gerade, einen Entzug zu machen, oder ist dir der Sprit ausgegangen?«

Robert rang sich ein Grinsen ab. »Es ist härter, als ich dachte, aber ich kann euch nicht beschützen, wenn ich besoffen bin.«

Tom wusste nicht viel über die wirklichen Auswirkungen eines plötzlichen Alkoholentzugs, aber das würde Tage dauern und war ohne Medikamente und professionelle Begleitung eigentlich nicht zu schaffen.

»Was ich jetzt sage, wird dich wundern. Versprich mir, dass du in eine Klinik gehst, wenn wir es hier raus schaffen. Jetzt aber solltest du den Spiegel halten. Du musst dich ja nicht völlig besaufen, oder?«

Robert schwieg. Tom durchforstete die Karte. Wenn Janne recht hatte und es rundherum brannte, wäre es vielleicht sicherer, noch in der Dunkelheit loszuwandern. Es war kurz vor 16 Uhr.

»Schalte mal das Radio an.«

Robert hievte sich aus dem Sessel, nahm das Kurbelradio und suchte die Frequenz.

… entgegen den Prognosen haben die Behörden die Plünderungen in den Randgebieten der Bundeshauptstadt unter Kontrolle. Nachdem sich die heftigen Brände im Naturpark Westhavelland der Stadt Neuruppin nähern, wird die Bevölkerung Richtung Plau am See evakuiert. Und hier eine Warnung für Menschen,

die versuchen, über die A24 zu fliehen: Die Bundesstraße ist un-
passierbar. Bürger, die sich noch in Rathenow, Premnitz, Seeblick
und Friesack aufhalten, werden auf Anweisung von Polizei und
Bundeswehr aufgefordert, die Orte umgehend zu verlassen. Es
herrscht höchste Gefahrenstufe.
Die Weltwetterorganisation in Genf ist überzeugt, dass diese Ex-
tremwetterepisode noch Wochen anhalten könnte. Grundsätzlich
werde der Trend zu intensiven Hitzewellen immer häufiger und
mindestens bis zum Jahr 2060 anhalten, und zwar unabhängig
vom Erfolg der Klimaschutzbemühungen, sagte WMO-General-
sekretär Petteri Taalas. Der Präsident des Weltklimarates Ron
Huber hofft, dass die aktuellen Ereignisse der letzte Weckruf sind
und dass sie sich zumindest in demokratischen Ländern bei den
nächsten Wahlen abbilden werden. Die nächsten Nachrichten
zur Lage im Bundesgebiet folgen um 18 Uhr.

Tom stöhnte und klappte den Rechner zu. »Okay, das heißt, wir können nur versuchen, über Landstraßen Richtung Institut zu kommen, und hoffen, dass uns irgendwer aufsammelt. Oder wir halten durch. Sechzig Kilometer schaffen wir in zwölf Stunden.«

Robert stand auf und öffnete seinen Schrank. Er setzte eine Flasche Wodka an und trank mit Bedacht wenige Schlucke.

»Ich bereite alles vor. Wir sollten Vorräte für zwei Tage mit-schleppen, falls etwas schiefläuft.«

Von draußen vom Nachbarhaus hörte man einen Wagen. Tom stürmte aus dem Haus und sah, wie der Lehrer mit einem BMW auf die Straße bog. Obwohl Tom ihm sofort brüllend nachlief, fuhr der Mann unbeeindruckt die Dorfstraße Richtung Berlin davon.

Robert kam heraus.

»Was für ein Arschloch!«

»Allerdings, aber man sieht sich immer zweimal im Leben«, schnaubte Tom. Janne, die eben mit Tobias aus dem Innenhof kam, war fassungslos:

»Wie kann ein Mensch so was tun? Wir hätten da alle reingepasst. Was ist hier passiert, Tom, habt ihr euch etwa wieder geprügelt?«

Tom bemerkte, dass Janne und Tobias knallrote Köpfe hatten.

»Nein, wir hatten noch mal ungebetene Gäste, aber dein Vater, ja, der hat alles richtig gemacht. Leute, lasst uns alles zusammenpacken, was wir für unseren Marsch brauchen. Und Robert, es ist besser, wenn wir uns bis dahin in einen der Geräteschuppen zurückziehen, falls wir wieder mal Besuch bekommen. Dort sucht man uns nicht. Okay?«

Robert nickte. Plötzlich flog ihm Janne in die Arme. Ihr strömten die Tränen herunter, und auch Tobias wirkte tief verstört. Tom konnte sich kaum vorstellen, was sie gesehen hatten. Und das alles war vermutlich erst der Anfang. Was jetzt begann, war Krieg. Der Krieg, den die Menschen der Natur erklärt haben. Und die Natur schlug zurück.

Das Gefühl, versagt zu haben, setzte Tom zu. Hatten sie etwa zu lange damit gewartet, einzufordern, dass das Phönix-Programm auf die globale Agenda des Weltsicherheitsrates kam? Die besondere Krux des Klimawandels war ja, dass die schlimmsten Auswirkungen erst mit großer Verzögerung eintraten. Und auch wenn es jetzt endlich gelänge, das Ruder rumzureißen, würde sich das erst in Jahrzehnten zeigen. Die Menschen arrangieren sich mit Bedrohungen. Sie relativieren sie, weil sie ohnehin unvermeidbar sind. So kommt es dazu, dass selbst die Lösungen, die wir haben, nicht mit der nötigen Konsequenz vorangetrieben werden. Wie sollte es jetzt weitergehen? Toms letzte Hoffnung war, dass wenigstens nach diesem Sommer der überwiegende Teil der Menschen bereit wäre, harte Einschnitte in Kauf zu nehmen, und dass ab jetzt diese Lösungen konsequent und nachhaltig den Alltag der Menschen bestimmten.

Ein leichter Wind setzte ein.

Kapitel 43

LENTZKE – 31 GRAD

Während die Männer schliefen, lag Janne im oberen Stockwerk des Geräteschuppens im Heu und konnte durch die fehlenden Dachziegel den Sternenhimmel beobachten. Was sie heute gesehen hatte, war vielleicht der Anfang vom Ende. Doch der unverdrossene Optimismus von Tom beeindruckte sie zutiefst. Obwohl diese Katastrophe eine angekündigte Katastrophe war, die nicht über Nacht über das Land hereingebrochen war, schien die Politik völlig zu versagen. Im Ukrainekrieg wurden unverzüglich Sanktionen und Hilfspakete auf den Weg gebracht. In der Pandemie wurden angesichts einer erklärten nationalen Notlage im Handumdrehen geltende Gesetze außer Kraft gesetzt und individuelle Freiheitsrechte zugunsten eines Schutzes der Gemeinschaft eingeschränkt. Aber jetzt, wo ganze Städte unter der Hitze kollabierten, das Wasser knapp wurde, die Ernten ausfielen, alte Menschen starben – und zwar mehr als durch das Virus –, wo Hunderte von Quadratkilometern Land und Wald verbrannten, jetzt fehlte es an allem, und die Politik befand sich im Schockzustand. Planlos lief die Menschheit in ihr Verderben.

Eines schwor Janne sich, und sie wusste, dass selbst der sanftmütige Tobias so weit war: Es würde keinen Tag mehr geben, an dem sie nicht ihre volle Kraft dem zivilen Ungehorsam und notfalls auch der Sabotage widmen würde. Ohne einen langfristigen

Plan, ohne die Umsetzung des Phönix-Programms, würde sie keinen Frieden mehr geben. Dieser verdammte Dreiklang aus Pandemie, Krieg und Klimawandel, das war keine Theorie, sondern all das bedrohte ganz konkret ihr Leben. Und bevor sie auch nur einen Gedanken daran verschwendete, Kinder zu bekommen, musste jetzt die Zukunft gerettet werden. Was war so schwer daran, zu verstehen, dass die Menschen sonst aussterben würden, genau wie lange vor ihnen all die Säbelzahntiger, Wollnashörner oder Flachkopfpekaris. Denn nichts anderes als Tiere sind für die Erde auch die Menschen. Allerdings Tiere, die alle anderen zerstören.

Plötzlich zog ihr der Geruch von verbranntem Holz in die Nase. Ihr Körper wurde von Adrenalin geflutet, und sie schrie:

»Aufwachen! Robert, Robert! Das Haus brennt.«

Robert rannte bereits aus dem Schuppen. Janne polterte die Holztreppe hinunter. Und nun standen sie draußen und beobachteten starr vor Schreck, wie die Flammen bereits auf das Nachbarhaus übergriffen.

»Los, schnell, solange wir da noch vorbeikommen«, brüllte Tom und rannte in den Geräteschuppen.

Alle folgten. Tom packte sich den ersten Rucksack und ein Pack Wasserflaschen, Tobias nahm den Sack mit der Langwaffe und Robert einen weiteren mit dem Essen.

Draußen schlug ihnen die Gluthitze ins Gesicht, ein beißender Geruch ätze sich in die Schleimhäute.

Robert brüllte durch das Getöse von Wind, Flammen und kleinen Explosionen. »Schnell, wir müssen durch die Felder und dann auf die Hauptstraße!«

Minutenlang rannten sie durch das verdorrte Feld, das vom Haus her bereits ebenfalls Feuer fing. Janne schaute noch einmal zurück. Eine Windböe heizte das Inferno an, sodass die Flammen binnen Sekunden den ganzen Hof erfasst hatten.

Robert keuchte, als würde er jeden Moment zusammenbrechen. Als sie die Hauptstraße erreichten, wagten sie einen Blick zurück. Ein halbes Dutzend Häuser stand in Flammen. Ihr kleines beschauliches Dorf, dessen Historie bis ins 16. Jahrhundert zurückreichte, war Geschichte, dachte Janne. All ihre Bücher, ihre Kindheitserinnerungen, ihre Fotos – auch die von ihrer toten Mutter –, ihr ganzes kleines Hab und Gut ging gerade in Flammen auf. Rundherum loderten die Felder. Niemand sonst war in dieser Hölle noch zu sehen. Janne sah in die fassungslosen Gesichter der anderen.

»Kommt, je schneller wir vorwärtskommen, desto eher finden wir irgendwo Hilfe oder einen Unterschlupf«, keuchte Robert und ging mit Tobias voran. Schweigend marschierten sie die Straße entlang. Am Horizont kündigte sich der nächste Tag an. Immer wieder wehten Schwaden von Rauch über die Straße, rechts und links passierten sie ausgebrannte Häuser. Es hatte also nicht nur sie erwischt. Das ganze Gebiet war von den Behörden schlicht und ergreifend aufgegeben worden.

Wie sah der Rest des Landes aus? Wie weit mussten sie laufen? Und was erwartete sie auf ihrem Weg? Tom blieb gefasst. Aber für seinen Bruder tat es ihm unendlich leid. Schon wieder verlor der etwas, das ihm so viel bedeutet hatte. Er hatte so dafür gekämpft, seiner Tochter ein Zuhause zu hinterlassen. Nun war alles so schnell gegangen, dass noch niemand es richtig fassen konnte. Nur ein paar Wochen unerträgliche Hitze, ein paar Tage ohne Strom – und nichts war wie zuvor. Was sollte jetzt kommen? Und was gar im kommenden Sommer?

Janne tippte Tom im Laufen auf die Schulter. »Was wirst du tun, wenn wir das Institut erreichen? Wie geht es weiter?«

»Es geht erst mal nur um unsere Sicherheit«, erwiderte Tom in einem Tonfall, der Janne aufhorchen ließ.

»Du gehst zu ihr, oder? Aber was ist mit dem Phönix-Programm?«

Tom verkürzte seine Schritte, als wolle er vermeiden, dass Robert mithörte.

»Das wird auch ohne mich bestehen können. Es gibt unzählige hoch dotierte und fähige Wissenschaftler, die an diesem Projekt beteiligt sind. Ich hab mir meine Ruhe verdient und ich muss mich um Mareike kümmern. Es zerreißt mir das Herz, dass ich nicht weiß, wie es ihr und Lisa gerade geht.«

Janne war erschrocken, mit welcher Klarheit Tom sich mal ebenso von seinem Lebenswerk verabschiedete.

»Aber …«

»Dieses Jahr wird der Wendepunkt gewesen sein. Viele werden nicht lange genug leben, dass das für sie noch Realität werden wird. Aber ihr – du, Mareike, Tobias –, ihr seid die Generation, für die ich gekämpft habe. Wenn alle Menschen jetzt der Verpflichtung nachkommen, eurer Generation das Überleben zu sichern, dann waren meine Jahre nicht vergeudet.«

»Liebst du sie?«

Tom grinste und legte seinen Arm um Janne.

»Das mit Lil ist mehr als Liebe. Wir sind so was wie Seelenverwandte. Aber ja, tue ich.«

Janne sah, wie Tobias mit Robert debattierte und Robert sogar ein Lachen entlockte.

Langsam wurde es hell. Weit und breit war immer noch niemand zu sehen. In der Ferne fuhr ein einsamer Bundeswehrtransporter. Zu weit weg, um Notiz von ihnen zu nehmen.

Kapitel 44

LENTZKE – 41 GRAD

Janne sah, wie ihr Vater mit letzter Kraft den Schatten eines Baumes aufsuchte, den Rucksack ablegte und sich an den Stamm lehnte. Entgegen Toms Schätzung hatten sie es noch nicht einmal bis in das dreißig Kilometer entfernt gelegene nächstgrößere Städtchen Nauen geschafft. Selbst am frühen Morgen und Vormittag war es einfach zu heiß, um zügig zu marschieren.

Tom strich sich durch die Haare. »Sorry, das hab ich mir anders vorgestellt.«

Robert winkte ab. »Schon gut, ich brauch nur eine kleine Verschnaufpause. Haben wir noch genug zu trinken?«

Janne zählte die Flaschen im Rucksack durch. »Für jeden zwei Liter!«

»Moment!« Tobias klopfte Janne auf die Schulter. »Hast du das eben gehört?«

Janne nickte, nur den Bruchteil einer Sekunde hatte sie das Piepsen von ihrem Smartphone, das im Energiesparmodus auf die wesentlichsten Funktionen eingeschränkt war, gehört. Hastig zog sie es aus der Tasche. Tom tat es ihr gleich.

»Scheiße, kein Netz«, sagte Tom leise.

Robert erklärte, dass, soviel er wisse, viele Dinge erst nach und nach hochgefahren werden, damit es nicht gleich wieder zu einer Stromnetzüberlastung käme. Das könne also noch dauern, selbst wenn da kurz Empfang war, würde das Netz noch Tage brauchen, bis es nach einem Blackout wieder durchgängig funktionieren würde.

Janne blickte auf ihre Anzeige. »Du Schwarzmaler! Ich hab aber einen Balken!«

»Okay, okay. Gib her. Wir rufen Frau Fölz an. Sie soll uns abholen. Oder noch besser der Sicherheitsdienst.«

Tom wählte. Jede Sekunde des Tutens war nervenaufreibend.

»Hallo? Ja, hallo. Wie bitte? Nein. Hier ist Tom Beyer, ja. Wir sind auf der Landstraße Hertelsfelder Chaussee ein paar Kilometer vor Nauen. Können Sie uns den Sicherheitsdienst mit einem Van schicken? Wir sind zu viert. Was? Das erkläre ich später. Danke!«

Janne sah, wie sich Toms Gesicht binnen Sekunden entspannte. Sie setzten sich gemeinsam unter den Baum am Wegesrand.

Janne wollte sich nicht vorstellen, wie es im Rest des Landes aussah. Nur weil wieder Strom da war, war längst nicht klar, welche Schäden das alles hinterlassen hatte. Sie öffnete erneut ihr Handy und wollte schauen, was die Nachrichten hergaben, doch das Netz war wieder weg.

»Wie viele Wochen kann das mit der Hitze noch so weitergehen?«, fragte Tobias.

Tom beugte sich nach vorne. »Es gab schon mal einen November mit fast 30 Grad, aber das ist schwer zu sagen.«

Janne bewunderte Tom. Dass er in all den Jahren mit so viel Wissen und so vielen Widerständen nicht zerbrochen war, beeindruckte sie. Nie schien er die Zuversicht verloren zu haben, zu glauben, dass am Ende genug Vernunft im Menschen steckte, um spät, aber doch umzukehren.

Und Robert? Ja, Robert schien zumindest an einem Punkt angelangt zu sein, der auch für ihn eine Wende bedeuten würde. Er war still geworden. Das war er immer, wenn er mal nüchtern war. Janne packte eine große Sehnsucht nach der Heimat. Das Studium könnte sie auch von dort fortsetzen. Aus der Ferne hörte sie Sirenen, und einen Moment später rasten einige Löschzüge an ihnen vorbei. Dann kam ein schwarzer Van. Tom sprang auf.

»Wie ging das denn, ich hab doch gerade erst angerufen?«

Der Wagen hielt, und ein Security-Mann in schwarzer Hose und makellosem weißen Hemd öffnete die Tür.

»Gott, Herr Professor Beyer, was ist Ihnen denn passiert?«

»Das ist eine eigene Geschichte. Wie haben Sie das denn jetzt so schnell hierher geschafft?«

»Ich wohne in Nauen und war gerade auf dem Sprung. Man hat Sie sehr vermisst.« Der Mann öffnete den Fond. »Kommen Sie, ich gebe Ihnen die Hand«, sagte er und half Robert aufzustehen. Sie alle stiegen in den klimatisierten Wagen.

Tom, rastlos wie immer, legte gleich los. »Was wissen Sie über die allgemeine Lage?«

»Nur so viel, dass unser Land noch nie eine vergleichbare Krise erlebt hat. Aber wissen Sie, was das Gute daran ist und was mich persönlich wirklich überrascht? Die Menschen unterstützen sich im ganzen Land. Selbst Zivilisten sind aktiv bei der Bekämpfung der Brände und sorgen im Rahmen ihrer Möglichkeiten für nachbarschaftlichen Zusammenhalt. Der Strom ist noch nicht flächendeckend wiederhergestellt, aber Potsdam und Berlin haben das Ganze besser überstanden, als ich befürchtet hatte. Aber in den Krankenhäusern gibt es viele Opfer.«

»Ja, das war abzusehen. Sicherlich werden wir im Institut gleich mehr erfahren«, sagte Tom, lehnte sich genüsslich in den bequemen Sitz und schaute aus dem Fenster.

Schon nach fünf Minuten kamen sie durch Nauen. Die Kleinstadt war nicht evakuiert worden. Das Technische Hilfswerk war eben dabei, die Menschen mit Trinkwasser zu versorgen. Sie sahen einen Krankenwagen und Sanitäter, die sich um eine alte Dame kümmerten. Gebrannt hatte es hier offenbar nicht. Langsam traute sich Janne aufzuatmen. Bei der Weiterfahrt passierten sie hier und da noch lodernde Felder und glimmenden Wald.

Als sie das nördliche Potsdam erreichten, bot sich ein ähnliches Bild: Feuerwehr, Krankenwagen und Bundeswehr, wo man nur hinsah, alle damit beschäftigt, die Menschen zu versorgen. Auch Nahrung wurde verteilt. Sie fuhren an einem Supermarkt vorbei, wo auf einem Schild zu lesen war: »Ware vorübergehend kostenlos«. Janne hatte das Gefühl, dass ihr Albtraum der vergangenen Tage, mit den Plünderern und dem Feuer, einfach nur Pech war. In einer Stadt wären die Feuerwehren sofort zur Stelle gewesen. Doch tatsächlich passierten sie auch hier zwei ausgebrannte Wohnhäuser, die noch von der Feuerwehr gesichert wurden. Janne presste die Stirn an die getönte Autoscheibe. Überall sah sie Menschen vor ihren Häusern stehen. Man sprach miteinander, winkte sich zu … Die Stimmung wirkte gelöst und euphorisch, denn für den Moment schienen alle zu denken, das Schlimmste wäre vorüber.

Schließlich erreichten sie den Potsdamer Telegrafenberg mit einer der schönsten Sternwarten, die Janne je gesehen hatte. Der prächtige Kuppelbau war schon 1899 im Beisein des Kaisers in Betrieb genommen worden. Direkt daneben lag das Institut für Klimafolgenforschung. Hier war ihr geistiges Zuhause. Hier arbeiteten Hunderte von den Menschen, die wussten, wie den klimatischen Herausforderungen professionell begegnet werden konnte.

Der Van bog in die Auffahrt. Tobias drückte Jannes Schulter.

»Wahnsinn, wir haben es geschafft!«

Janne erblickte eine nervös herumstehende Frau in weißem Kleid und rosafarbener Bluse.

Tom drehte sich zu Robert. »Es gibt Bäume, die man pflanzt, ohne die Erwartung zu haben, jemals noch zu Lebzeiten ihre Früchte zu ernten. Wir mussten wohl erst an diesen Punkt kommen. Alles, was wir jetzt noch tun können, ist, solch einen Baum für die nächsten Generationen zu pflanzen. Aber ich denke, jetzt haben wir es kollektiv begriffen. Hoffen wir, dass es reichen wird, auch wenn uns noch viel Leid bevorstehen kann.«

Der Wagen hielt vor dem Eingang des Forschungszentrums. Tom stieg aus. Janne kannte ihren Onkel als eher zurückhaltend und musste lächeln, als er seine wartende Assistentin spontan in die Arme schloss.

»Ja, hallo, liebe Frau Fölz! Sie glauben gar nicht, wie ich mich freue, Sie zu sehen. Nun wird alles wieder gut.«

»Gott, bin ich froh, Sie zu sehen«, erwiderte diese.

»Darf ich vorstellen: mein Bruder Robert, meine Nichte Janne und ihr Freund Tobias.«

Das Grinsen in Roberts Gesicht war schwer zu deuten, aber er war nüchtern, und das seit gestern Abend, und schaute sich beeindruckt die ungewohnte Umgebung an.

»Gut äh, ach, kommt am besten einfach mit rein. Frau Fölz, haben wir etwas zu essen im Haus?«

»Aber sicher, ich bringe gleich etwas.«

»Kommt mit.«

Das Grüppchen folgte Tom in sein Büro, wo er als Erstes den Fernseher anwarf. Eine Sondersendung flirrte über den Bildschirm. Was dann kam, ließ alle für einen Moment in Schockstarre fallen. In den letzten zwei Wochen und insbesondere während der vergangenen Tage des europaweiten Stromausfalls schätzen Experten nach ersten Meldungen der Behörden, dass in Deutschland etwas über 50 000 Menschen ihr Leben verloren haben. Europaweit könnte die Zahl weitaus dramatischer ausfallen. Derzeit wurden 650 Gemeinden und die Randbezirke von 30 Großstädten wegen herannahender Großbrände evakuiert. Die meisten der anderen Brände seien inzwischen durch den Einsatz Zehntausender Einsatzkräfte unter Kontrolle, allerdings würden zur Stunde knapp einhundert Feuerwehrmänner und -frauen vermisst.

Hervorgehoben wurde die große Solidarität der Menschen, die die zu erwartenden kleineren kriminellen Delikte in den Hintergrund rücken ließ. Für den Tag, an dem sich die Lage wieder normalisiert hätte, kündigten alle Gewerkschaften Großkundgebungen gegen die Tatenlosigkeit der Regierungen an. Man würde von der Politik ein belastbares Portfolio unmittelbar in Kraft tretender Maßnahmen fordern, die nicht nur die kleinen Bürger belasteten, sondern den Hebel bei den internationalen Unternehmen und sogar bei den gesamten Wirtschaftsstrukturen der Gesellschaft ansetzten. Andernfalls würde zum Generalstreik aufgerufen. Der Zivilschutz müsse auf völlig neue Beine gestellt werden und substanzielle Investitionen in die Infrastruktur seien unausweichlich.

Tom, sichtlich um Fassung bemüht, stützte sich mit beiden Armen an seinem Schreitisch ab. Doch was er jetzt hörte, ließ ihn aufschauen. Der UN-Generalsekretär proklamierte den Klimawandel als die größte Bedrohung für den Weltfrieden und forderte, die Maßnahmen des Phönix-Programms zum konstituierenden Inhalt der Agenda zu erheben. Damit könnten künftig ganz andere Kräfte gegen die Staaten mobilisiert werden, die sich dem Wandel immer noch widersetzten.

Janne suchte den Blick ihres Onkels. Sein Gesicht spiegelte keine Euphorie oder Genugtuung, aber eine unendliche Erleichterung entspannte seine Züge.

Die freundliche Frau Fölz kam mit einem Berg belegter Brote in den Raum. Zugleich wandte sie sich an Tom.

»Herr Beyer, das Telefon läuft heiß. Der Krisenstab, das Bundeskanzleramt und Dutzende Medienanfragen … Wo wollen Sie anfangen?«

»Frau Fölz, langsam, langsam. Ich lege noch heute mein Amt nieder und nehme deshalb auch keine Termine mehr an.«

»Das ist nicht Ihr Ernst?«

»Doch, das ist es. Jetzt soll ein Jüngerer ran. Ich habe das dem Vorstand schon vor dem Stromausfall mitgeteilt. Dürfte ich Sie kurz bitten, uns alleine zu lassen?«

Unter den gespannten Blicken aller trat Tom zu seinem Schreibtisch, öffnete die Schublade und zog einen Umschlag heraus. Er ging auf Janne zu und reichte ihr das Kuvert.

»Eine Empfehlung. Du bist mit dem Studium so gut wie fertig, richtig?«

»Äh, ja, nur noch die Abschlussarbeit. Wieso?«

Tom holte zu einer kurzen Ansprache aus. Was die Welt jetzt brauchte, war die junge Generation, um die richtigen Visionen für eine lebenswerte Zukunft zu entwickeln. Ganz konkret brauchte es leidenschaftliche und engagierte Menschen wie Janne, die für die notwendige große Transformation sorgen könnten. Die Katastrophe spielte sich nicht mehr nur in der bald unbewohnbaren Sahelzone ab. Nein, sie war endgültig im Herzen der privilegierten Welt angekommen. Ganz Europa sehnte sich nach dem Herbst und fürchtete schon jetzt den nächsten Sommer. Kein Stein durfte jetzt auf dem anderen bleiben. Die Wirtschaft brauchte eine grundlegende Transformation. Der Alltag würde sich grundlegend wandeln. Die Metropolen mussten sich neu erfinden. In Zukunft wären das autofreie, sich selbst versorgende, grüne Städte, mit öffentlichen Verkehrsmitteln, die jeden kostenlos überall hinbringen, mit riesigen Parks und Gärten, die das Mikroklima günstig beeinflussten und in denen Menschen einander näherkommen können. Natürlich ginge das nicht ohne einen gigantischen Kraftakt, und zwar weltweit.

»Für solche Ziele setzen sich weltweit viele ein. Vorreiter in Deutschland ist das Wuppertal Institut für Klima, Umwelt und Energie. Janne, da sitzen die ganz klugen Leute, genau solche, die unsere Gesellschaft braucht«, betonte Tom. »Der Präsident wartet auf deinen Anruf.«

Tobias schaute mit hochgezogenen Augenbrauen zu Janne.

»Was ist mit unserem Hof? Ich dachte, da wäre unsere Zukunft?«

»Keine Sorge, ihr beide stöpselt das schon beides zusammen. Dein Studienschwerpunkt war doch …«

»Der Ozean und …«, Janne linste verlegen zu ihrem Vater, »Climate-Engineering-Verfahren.«

Robert schaute entsetzt auf und erntete Toms mahnenden Blick.

»Du hast mir was versprochen, Robert.«

»Ja, schon gut.«

»Das Geomar-Institut wäre die andere Option. Da sitzen noch mehr gute Leute. Ganz wie du willst.«

Janne fühlte, wie eine heimliche Euphorie ihre Adern schwemmte. Plötzlich sah sie diese Zukunft vor sich, für die es sich lohnen würde zu kämpfen. Jetzt konnte sie es kaum erwarten, den Ewiggestrigen die Stirn zu bieten. Nur ein Versprechen mochte sie noch nicht geben.

»Ich hoffe, ich krieg das hin. Aber jetzt will ich nach Hause.«

Frau Fölz klopfte erneut.

»Entschuldigen Sie, dass ich schon wieder störe. Aber der Kanzler bittet Sie in einer Stunde um einen Termin. Er möchte, dass Sie …«

»Nichts da! Sie schauen stattdessen bitte, ob ich noch heute von irgendwo einen Flug nach Montreal bekomme.«

Robert stand auf. Um die Traurigkeit in seinen Augen zu verbergen, trat er ans Fenster und blickte auf den Einsteinturm mit seiner organisch geschwungenen Fassade.

»Sehen wir uns wieder?«, fragte er mit belegter Stimme.

»Natürlich komme ich wieder, großer Bruder, auch wenn das Fliegen in Zukunft exorbitant teuer werden wird. Aber jetzt brauche ich erst einmal Abstand zu allem.«

Janne konnte kaum glauben, was sie sah: Robert drehte sich um und ging auf Tom zu. Er umarmte ihn und klopfte ihm wortlos auf die Schulter.

»Wie kommen wir jetzt überhaupt nach Hause?«

Tom ging zu seinem Schreibtisch, ergriff einen Schlüssel und warf ihn Robert zu.

»Der weiße Audi, gleich rechts, wenn du rausgehst. Brauch ich nicht mehr.«

Janne wurde mulmig. Das war's jetzt? Jetzt sollte sie so einfach Abschied nehmen? Tom kam auf sie zu.

»Ich bin nicht aus der Welt, Janne. Im Gegenteil. Aber weißt du, ich kämpfe schon, seit ich siebzehn Jahre alt war, für eine gerechtere und ökologischere Welt. Jetzt brauch ich endlich einmal Zeit für mich. Ich kann nicht mehr. Vielleicht brauche ich auch nur eine Pause. Aber neben mir gibt es Zehntausende guter Wissenschaftler aus allen Disziplinen. Die Lösungen, nicht die Katastrophe, müssen ab jetzt den Alltag der Menschen bestimmen. Denn, verdammt noch mal, es gibt sie ja, diese Lösungen!«

»Mann, muss das eine tolle Frau sein«, frotzelte Janne.

»Ja. Und Lisa ist das auch und Mareike … Sie alle muss ich da drüben wiedersehen. So, ich hab für die Übergabe einen Haufen Arbeit vor mir. Und ihr habt keinen Tag zu verlieren. Alle müssen jetzt ihr Verhalten ändern.«

Janne ging auf Tom zu, schaute ihm lange in die dunklen Augen.

»Danke für alles und versprich mir, dass du dich meldest.«

»Ja«, sagte Tom leise, ging zur Tür, gab Tobias die Hand und sah ein letztes Mal zurück.

»Noch mal, Robert. Denk dran, was du dir selbst versprochen hast!«

»Ja, verdammt!«

Kapitel 45

ST. PETER-ORDING – 28 GRAD

Die Fahrt von Potsdam nach Nordfriesland führte Janne, Tobias und Robert vorbei an verbrannten Feldern und Häusern. Immer wieder mussten sie wegen der aufgeplatzten Fahrbahn das Tempo drosseln, doch je näher sie dem heimatlichen Hof kamen, desto weniger Schäden an Menschen, Tier und Natur waren zu sehen. Den Norden hatte es weniger erwischt, aber echte Erleichterung kam erst auf, als sie den unbeschädigten Hof erreichten.

Robert hatte kaum die Tür durchschritten, da übermannten ihn die Schmerzen, er zitterte am ganzen Körper. Mit letzter Kraft schaffte er es gerade noch ins Bett. Janne wusste, das waren die Zeichen des kalten Entzugs. Sie war voller Hochachtung, dass ihr Vater schon den zweiten Tag in Folge durchhielt. Er schien es wirklich ernst zu meinen, mit seinem Entschluss, seine Sucht endlich in den Griff zu bekommen. Kurz bevor die Sonne im Meer versank, schnappte sie sich den Wagen und fuhr in den Ort. In St. Peter-Ording selbst hatte es einige Brände gegeben, vor allem aber schwelten noch die Dünen. Die glühenden Streifen, die das dunkle Meer säumten, sahen fast unwirklich schön aus. Janne fand einen Durchgang zum Strand. Sie hatte keine Vorstellung, wie das alles bei Tageslicht aussehen würde. Als Kind hatte sie dort ganze Nachmittage im weißen Sand gelegen und zwischen den vielfarbigen Gräsern und kleinen Nadelbäumen die Wolken gezählt, die der strenge Nordseewind über sie hinwegtrieb. Hier war ihre Heimat.

Es war Nacht geworden. Vom Strand blickte Janne auf die letzten lodernden Feuer hinter dem Deich, drehte sich dann um, setzte sich und schaute aufs Meer. Über ihr strahlte die Milchstraße. Vor fünfzehn Jahren hatte sie hier ihrer Mutter das letzte Mal in die Augen geblickt. Weit weg von den Massen, die nun quer durchs Land die Straßen füllten und das Phönix-Programm forderten, atmete sie tief durch. Sie griff in den Sand, roch das vertraute Salz, den Duft des Wattenmeers. Silbermöwen kreisten in der Luft. Ein Strandläuferpärchen stocherte mit langen Schnäbeln im feuchten Sand. Der erste kühlende Wind seit Wochen wehte ihr um die Nase. Um sie herum waren Stille und Harmonie, eine reine, heile Natur, und die alles vernichtenden Gier nach Wohlstand erschien weit weg.

Janne grub ihre Hände in den Sand. Sie erinnerte sich an die Zeit, als ihre Mutter sie mit den großen Klassikern der Musik vertraut machte. Bach und Beethoven hatten es ihr am meisten angetan. Noch heute staunte sie über deren Fähigkeit, mit Tönen die Seelen der Menschen zu inspirieren. Waren wir einfach zu dumm? Zu dumm, um zu überleben? Oder war diese allumfassende Krise der Beginn einer großen Zukunft? Waren wir jetzt in der Lage, richtig hinzusehen? Würde Tom am Ende recht behalten, dass Optimismus nicht die Gewissheit bedeutete, dass die Zukunft gut wird, sondern die Gewissheit, dass jeder menschliche Fortschritt das Ergebnis unserer Fähigkeit ist, die Dinge am Ende doch zu verstehen, um Lösungen zu finden?

Könnten die Menschen jetzt, wo es endgültig nicht mehr möglich war, die Augen vor der Wahrheit zu verschließen, zu dem Glauben an sich selbst zurückfinden? Und auch zu dem Glauben, dass sich das Problem mit den Mitteln der Wissenschaft lösen ließ? Wie sagte Tom doch gleich: »Für viele wird das nicht mehr Realität werden, aber wenn wir den moralischen und politischen sowie den wissenschaftlichen Fortschritt auf die oberste Agenda setzen, dann, ja dann, vielleicht.«

Wie würde die Welt aussehen, wenn wir den Wandel angehen? Sie hatte Tom immer zugehört und sie sah einen kleinen Teil dieser Welt plötzlich vor ihrem inneren Auge. Ergrünende Großstädte, alle unbebauten Flächen würden für die Erzeugung von Lebensmitteln genutzt, künstliche Seen und Flüsse für ein erträgliches Mikroklima, weiße Gebäude und überall Parks und Gärten, in denen Menschen zusammenkommen konnten. Der Verkehr würde sich ganz von alleine ausdünnen, sobald die Metropolen sich autark selbst ernähren könnten. Wer würde da noch im Winter über Tausende Kilometer importierte Erdbeeren vermissen? Janne stellte sich vor, wie sich die Natur langsam erholte und die Artenvielfalt eine ganz neue Chance erhielt. Die Arbeitswelt der Menschen würde sich auf die Produktion der wichtigsten Güter zum Leben konzentrieren, und jeder Staat würde dazu ermutigt, seine Natur zu revitalisieren und eine Wissenschaft zu fördern, die sich auf das Ziel der Regeneration dieser einen Welt fokussierte. Alle Nationen würden sich neu ausrichten, und niemand würde mehr all diese Dinge konsumieren, die wir im Grunde nicht brauchten. Durch einen Einbruch des Fleischkonsums würde kein Regenwald mehr abgeholzt, und all diese Flächen stünden für eine Wiederaufforstung zur Verfügung. Wo die Nachfrage versiegt, endet auch die Zerstörung. Tom hatte einmal gesagt, dass er, aufgewachsen in den 60er-Jahren, damals nichts vermisst hatte, was es schlicht nicht gab. Und doch gab es genug für ein gutes Leben.

Janne konnte sich diese neue Welt der Zukunft gut vorstellen. Eine Welt, die sich von der verhängnisvollen Wirtschaftsglobalisierung verabschiedet hätte, weil in ihr alles nur regional produziert würde. Das alles klang komplex und neu, aber die vielen kriegerischen Konflikte um die letzten Ressourcen waren noch viel mehr zum Verzweifeln. Sie war zuversichtlich: Wenn die Mehrheit der Menschen einen neuen Weg wählte, würden die alten Machtstrukturen wie in einem Dominospiel umfallen. Und wenn es diese aktuelle Katastrophe sein sollte, die endlich all das beschleunigen würde, dann war das nun einmal der Preis. Natürlich war sie alleine nicht in der Lage, sich alle notwendigen Konsequenzen zur Gestaltung einer neuen Welt vorzustellen, aber sie wusste, es geht, und sie spürte mehr denn je, dass sie zu diesen Menschen dazugehören wollte, die all ihre Kreativität und ihr Herzblut für die Schaffung einer lebenswerten und gerechten Welt verwendeten.

Janne blickte in den Himmel. Die Sterne über ihr standen dort seit Jahrmillionen. All ihre eigenen Wünsche und Träume an eine Zukunft waren so zerbrechlich geworden. Janne war nun dort, wo sie geboren wurde. Unter dem vertrauten Geräusch der sich brechenden Wellen der Nordsee schloss sie die Augen. Sollte das Phönix-Programm scheitern, würde es mehrere Millionen Jahre dauern, bis sich wieder eine neue Artenvielfalt einstellen würde, aber die Wellen des Meeres würden auch diesen Weg tröstlich und geduldig begleiten. Noch wartete die Menschheit zwischen Hoffnung und der Furcht vor der eigenen Vergänglichkeit auf das kommende Jahr. Es könnte der Beginn einer neuen Evolution sein. So wie einst die Dinosaurier für das Zeitalter der Menschheit Platz machen mussten, stand nun die Menschheit entweder vor ihrem letzten Moment oder vor dem größten Umbruch in ihrer kurzen Geschichte auf dem Blauen Planeten. Janne war sich im Morgengrauen gewiss, dass die Menschen das Leben wählen würden und sie ein Pionier dieser Zukunft wäre.

Danksagung

Dieser Roman war ursprünglich für das Jahr 2020 geplant, aber die Corona-Pandemie hat viele Projekte zwangsläufig verschoben. Umso erschrockener war ich, wie schnell wir uns nur kurze Zeit später auch in Deutschland der in diesem Roman beschriebenen Eskalation des Klimawandels stellen müssen. Nur überrascht war ich nicht. Die jüngsten Ereignisse rund um die Invasion in der Ukraine beschleunigen einerseits den Klimawandel, bewegen aber auch zu freiwilligem Verzicht. Dennoch, der Krieg machte die zarten Schritte zur Abwendung der Katastrophe zunächst zunichte. Geht das so weiter, sind wir dem Untergang geweiht.

Die vorrangige Frage ist nun, ob es eine nächste Phase der globalen Entwicklung geben wird, in der es eine grüne Revolution gibt, und zwar eine echte. Die Mittel und das Wissen sind vorhanden. Das gelingt nur mit einer weit humaneren und sozialeren Gesellschaftsordnung. Der Systemkampf ist in vollem Gange, und wenn hier nicht die Vernunft siegt, wird es bitter.

Den Klimawandel stoppen, dafür ist es zu spät. Dennoch verfügen wir über viele Möglichkeiten, unser Verhalten an den Klimawandel anzupassen, nur ist das Ausmaß des unausweichlichen Wandels in den vielen entscheidenden Köpfen noch immer nicht angekommen. Selbst bei technisch möglichen negativen Emissionen wird es ohne drastische Einschnitte nicht gehen, das ist schon rein mathematisch und naturwissenschaftlich unmöglich.

Der Riss, der bei diesem alles entscheidenden Thema durch die Gesellschaft und Familien geht, diesem Umstand ist dieser Roman gewidmet. Ich glaube daran: Wir können den Klimawandel managen, wenn sich alle darauf einlassen. Sich den Fakten zu stellen und alles darauf auszurichten, ist jetzt die einzige Option, und dafür stehen Wissenschaft und Technik bereit, allein die politischen Systeme sind es nicht, und so obliegt es jetzt der zivilen Gesellschaft weit über Fridays for Future hinaus, sich weltweit zu engagieren und eine Minderheit in die Schranken zu weisen.

Ein Gegenwartsroman könnte von der Entwicklung überrollt, ja überholt werden. Noch ist dem nicht so. Aber jeder Tag zählt, um unser Verhalten anzupassen. Und wir wissen alle noch nicht, was uns der kommende Sommer bringt und dann der darauf. Die Spaltung geht bei dem Thema durch alle Altersgruppen: Eine kleine laute Minderheit in der Gesellschaft und internationalen Politik blockiert den Wandel, flankiert von konservativen Medien. So kann es nicht weitergehen, und die Mehrheit muss handeln.

Mein Dank gilt zahlreichen Wissenschaftlern, die ich für diesen Roman interviewt habe. Ganz besonders bedanke ich mich bei Prof. Dr. Andreas Oschlies vom Geomar-Institut in Kiel, der den Roman kurioserweise auf der Rückfahrt einer Antarktisexpedition las und sicherstellte, dass alles Geschriebene dem aktuellen wissenschaftlichen Stand entspricht.

Ich danke Prof. Dr. Ernst Ulrich von Weizsäcker für seine Inspiration, nachdem ich 2019 meinen ersten Klimaroman mit ihm präsentieren durfte. Er ist ein Vorbild und Kämpfer für den Wandel, wie ich selten einen kennenlernen durfte.

Ich danke meiner Lektorin Silwen Randebrock, die mich bei diesem für mich zeitweise schwierigen Projekt von Anfang an begleitet hat und die mir mit hervorragender Kritik immer wieder Mut gemacht hat.

Ich danke meiner Lebensgefährtin Alexandra Riedl für ihre Geduld, und wie immer war sie die erste kritische Stimme, nicht erst bei diesem Buch.

Ich danke Tyark Thumann, der mich besonders zu Beginn dieses Buches unterstützt hat.

Nicht zuletzt danke ich meinem Verleger und Freund Christian Strasser, der seit 2011 all meine Bücher verlegt hat und der früh gespürt hat, in welch dramatischen Wandel sich diese Welt nun begibt und begeben muss, oder das Abenteuer Menschheit findet bald und schneller ein Ende, als es Veränderungsverweigerer für möglich halten, während bereits Millionen von Menschen vor dem Klimawandel auf der Flucht sind und leiden. So wie es für die kommenden Jahrzehnte wohl keinen so kühlen Sommer mehr geben wird, wie es der vergangene gewesen sein wird.

Der Umwelt zuliebe

· produzieren wir zu über 90 %
  in Deutschland
· achten wir auf kurze Transportwege
· drucken wir auf Papier aus
  verantwortungsvollen Quellen

MIX
Papier | Fördert
gute Waldnutzung
FSC® C014889

FSC
www.fsc.org

© 2022 Europa Verlag, ein Imprint der Europa Verlage GmbH, München
Umschlaggestaltung und Motiv: Hauptmann & Kompanie Werbeagentur, Zürich
Lektorat: Silwen Randebrock, Berlin
Layout und Satz: Dr. Alex Klubertanz, Haßfurt
Druck und Bindung: Pustet, Regensburg
ISBN: 978-3-95890-470-5

Europa-Newsletter: Mehr zu unseren Büchern und Autoren
kostenlos per E-Mail!
www.europa-verlag.com